U0118782

计算机技术
开发与应用丛书

Python Streamlit
从入门到实战

快速构建机器学习和数据科学Web应用

微课视频版

王 鑫 ◎ 编著

清华大学出版社

北京

内 容 简 介

本书系统全面地讲解 Streamlit 的核心概念、实例项目应用和最佳实践。通过案例带领读者从零开始逐步掌握 Streamlit 的基础知识和高级技能。读者将学会如何使用 Streamlit 实现数据可视化、添加交互组件，以及如何构建出炫酷的 Web 应用。

本书分为两篇共 10 章，基础篇（第 1~7 章）讲解 Streamlit 的安装配置，以及基本的文本、数据、图表、多媒体等组件的使用和页面布局；实战篇（第 8~10 章）讲解如何开发企鹅分类项目、医疗费用预测项目、销售数据仪表板项目，帮助读者熟练掌握 Streamlit 的高级技能和开发流程。

本书采用理论与实践相结合的方式，示例丰富，适合想快速构建机器学习和数据科学 Web 应用的 Python 使用者阅读。本书配套内容有练习数据和源代码，可供读者通过阅读和编码实践的方式快速掌握 Streamlit，开发机器学习和数据科学的 Web 应用。

图书在版编目（CIP）数据

Python Streamlit从入门到实战：快速构建机器学习和数据科学Web应用：微课视频版/王鑫编著.—北京：清华大学出版社，2024.3
（计算机技术开发与应用丛书）
ISBN 978-7-302-65753-8

Ⅰ.①P… Ⅱ.①王… Ⅲ.①软件工具—程序设计 Ⅳ.①TP311.561

中国国家版本馆CIP数据核字（2024）第053027号

责任编辑：赵佳霓
封面设计：吴 刚
责任校对：时翠兰
责任印制：刘海龙

出版发行：清华大学出版社
   网　　　　址：https://www.tup.com.cn，https://www.wqxuetang.com
   地　　　　址：北京清华大学学研大厦 A 座　　　　邮　　编：100084
   社　总　机：010-83470000　　　　邮　　购：010-62786544
   投稿与读者服务：010-62776969，c-service@tup.tsinghua.edu.cn
   质　量　反　馈：010-62772015，zhiliang@tup.tsinghua.edu.cn
   课　件　下　载：https://www.tup.com.cn,010-83470236
印　装　者：三河市人民印务有限公司
经　　　销：全国新华书店
开　　　本：186mm×240mm　　　印　　张：14.25　　　字　　数：330 千字
版　　　次：2024 年 4 月第 1 版　　　印　　次：2024 年 4 月第 1 次印刷
印　　　数：1～2000
定　　　价：59.00 元

产品编号：103476-01

前 言
PREFACE

　　随着机器学习和数据科学的发展，将分析结果呈现给非技术人员也变得极为重要。传统的基于 Flask、FastAPI 或 Django 的 Web 框架需要编写大量模板和视图代码，开发效率较低。Streamlit 这个迅速崛起的 Python 库改变了这一切，它极大地降低了构建数据 Web 应用的门槛，让开发者可以使用熟悉的 Python 语言，快速地构建交互式的机器学习和数据科学 Web 应用。

　　Streamlit 以其惊人的高效率和强大功能，吸引了众多数据科学家和机器学习工程师。相信通过本书的学习，读者可以掌握这个优秀 Python 库的用法，使机器学习和数据科学 Web 应用的开发变得简单并富有成效。让我们开始 Streamlit 之旅，建造属于自己的 Streamlit Web 应用吧！

本书主要内容

　　第 1 章介绍 Streamlit 的优势、安装、启动和关闭，展示 Streamlit 自带的非常漂亮的演示项目。

　　第 2 章介绍文本类和数据类的展示元素，包括标题展示元素、章节展示元素、子章节展示元素、代码块展示元素、说明文字展示元素、Markdown 语法展示元素、LaTeX 公式文本展示元素、数据框展示元素、Table 数据框展示元素、Metric 指标类展示元素、JSON 数据展示。

　　第 3 章介绍数据可视化和图表元素，不仅包括 Streamlit 内置的折线图、条形图、面积图和地理数据图表，还包括如何展示其他可视化库的图像，如 Graphviz 库图像、Matplotlib 库图像、Seaborn 库图像、Vega-Altair 库图像、Plotly 库图像、Bokeh 库图像、Pydeck 库图像。

　　第 4 章介绍多媒体展示元素，包括图像、音频、视频、表情符号等。

　　第 5 章介绍用户输入类组件，包括普通按钮、单选按钮、下拉按钮、多选下拉按钮、数值滑块组件、范围选择滑块组件、下载按钮、单行文本输入框组件、数字输入框组件、多行文本输入框组件、日期选择组件、时间选择组件、文件上传组件、拍照组件及颜色撷取组件。

　　第 6 章介绍布局和容器组件，包括侧边栏、列容器、选项卡、扩展器、容器、占位容器和多页面应用。

　　第 7 章介绍状态显示、流程控制和一些高级特性。

第 8 章介绍标准的机器学习工作流程，以及如何构建一个基于随机森林分类算法的企鹅分类 Web 应用。

第 9 章构建一个基于随机森林回归算法的医疗费用预测 Web 应用，为医疗保险公司的定价提供决策依据。

第 10 章构建一个超市集团的销售数据仪表板 Web 应用，为管理人员提供漂亮的动态数据分析工具。

阅读建议

本书是一本从入门到实战的书籍，适合有 Python 基础的读者学习，如果无编程经验，则可先学习 Python 基础知识。最好可以按照书中的顺序，先学习 Streamlit 的各种基础元素和组件用法，如文本、图表、多媒体、视频、音频等，为了让读者能够理解并使用各种元素和组件，每节内容都包含了使用说明和丰富示例，也包括代码思路和详细的操作步骤，实操性很强，可以加深对各种元素和组件的理解，逐渐掌握构建 Streamlit 应用页面的流程。

第 1~7 章属于基础篇，可以边看书边跟着示例代码和注释实践，这样可以加深印象。每学一个元素和组件都可以实现一个小的 Web 应用。建议读者先按照第 1 章内容搭建好开发环境，并成功运行 Streamlit 自带的演示项目，感受 Streamlit 的简单和强大。别全部看完再实践，应该是逐章节学习，并配合动手实践。

第 8~10 章属于实战篇，读者在掌握了前面的基础知识后，再通过构建 3 个不同任务的 Web 应用来全面掌握 Streamlit 的开发过程。这里建议读者在开发的过程中，如果遇到不熟悉的机器学习或其他方面的知识点，则可以搁置起来，先完成整个 Web 应用，建立信心，后续当有意愿了解其他方面的知识时可以查阅相关资料。

资源下载提示

素材（源码）等资源：扫描目录上方的二维码下载。
视频等资源：扫描封底的文泉云盘防盗码，再扫描书中相应章节的二维码，可以在线学习。

致谢

感谢 Streamlit 及其社区的贡献者，为我们提供了这么简单、强大、美观的 Python 开源库。

感谢我的奶奶、爸爸和妹妹，是你们一直以来的支持和鼓励，让我有动力和激情投入书籍创作中。

　　感谢我的朋友、同学和老师，是你们的陪伴、帮助和教导，让我树立了终身学习、勇攀知识高峰的信仰。

　　感谢我的领导和同事，是你们的包容和帮助，让我有机会接触到 Python 语言。

　　感谢寰球游泳健身俱乐部，为我编写本书提供了相对适宜的写作环境和健身环境。

　　感谢清华大学出版社赵佳霓编辑，在观看我的 Streamlit 相关视频后，主动联系我，邀请我编写本书，并在审稿过程中给予了许多宝贵意见和帮助。

　　感谢所有的读者，能与大家分享知识给我莫大的满足感，期待与读者有更多交流。

　　由于时间仓促，书中难免存在不妥之处，请读者见谅，并提宝贵意见。

王鑫

2024 年 2 月

目 录
CONTENTS

教学课件（PPT） 本书源码

基 础 篇

实 战 篇

基 础 篇

第 1 章

Streamlit 的介绍及安装

随着人工智能和机器学习技术的迅速发展，Python 也变得越来越重要。大量的机器学习和深度学习框架使用 Python 作为主要开发语言，如 TensorFlow、PyTorch 和 scikit-learn 等，这使 Python 成为机器学习和深度学习领域不可或缺的一门技能，然而，机器学习项目的最终目标不应该是训练一个高精度的模型，而是能够将模型投入实际应用，解决真实世界的问题。目前，大多数机器学习项目只停留在模型训练阶段，很难实现模型的实际部署和应用。这导致许多高精度模型只停留在实验室，难以发挥实际价值。

35min

如何更轻松地部署和应用机器学习模型是当前机器学习工程化的一大难题。要实现机器学习的真正工程化，使其在各行各业发挥实际效用，急需简单易用的工具和框架，帮助机器学习工程师完成从模型训练到部署应用的全流程。

理想的机器学习工程师，不仅需要深刻理解机器学习与深度学习的算法和原理，还需要掌握如何将模型快速应用到实际问题中，真正发挥其效用。这需要将简单易用的工具和框架相结合，降低从实验室到生产环境的门槛，实现机器学习的真正工程化。

1.1　Streamlit 是什么

Streamlit 是一个基于 Python 的开源 Web 工具库，它的设计目标是为了减少用于数据科学和机器学习开发 Web 原型的时间。使用 Streamlit，机器学习工程师可以轻松地将训练好的机器学习模型部署为一个高度交互式的 Web 应用，而不需要了解 HTML、CSS 和 JavaScript 等 Web 前端知识。

1.2　Streamlit 的优势及特点

Streamlit 的开发是为了专注于数据驱动和机器学习模型的原型 Web 应用。只需 Python 和 Streamlit 的基本知识就可以开发出交互式的 Web 应用，不需要提前了解 Web 开发知识。相比传统的应用程序开发非常耗时，基于 Streamlit 的 Web 开发可以大大缩减处理的时间，从而降低成本。下面将介绍 Streamlit 的主要特点。

1. 免费开源

Streamlit 是一个开源免费的库，这降低了机器学习模型上线的成本，使更多的人可以投入实际应用。许多数据科学家和机器学习工程师通过它来开发 Web 应用程序。

2. 跨平台

Streamlit 可以在任何操作系统上运行，这意味着一旦 Web 应用程序被开发出来，它们就可以在任何其他操作系统上运行或者修改。

3. 高度交互式

Streamlit 提供了丰富的交互组件，如滑块、按钮、下拉列表等，使用户可以直接与我们的机器学习模型交互。这大大增强了 Web 应用的体验感和交互性。

4. 简单易用

基于 Streamlit 开发 Web 应用是非常简单的，只需几行代码，就可以开发仪表板和数据或机器学习驱动的 Web 应用。

5. 深度整合

Streamlit 与机器学习生态深度整合，可以方便地与 TensorFlow、PyTorch、scikit-learn 和 Keras 等机器学习框架结合使用，可以快速将训练好的模型迁移到 Web 应用中。

6. 实时显示更改

在 Python 脚本文件中所做的优化更改将直接显示在 Web 应用中，从而使开发更加容易。

7. 错误提示

如果在代码中发生了任何错误，则不管是由 Streamlit 的内置函数产生的还是由其他任何库产生的，它们将显示在 Web 应用中，而不是在命令提示符下，从而使检查错误更容易。

1.3 Streamlit 的安装

Streamlit 是 Python 的一个库，所以 Streamlit 的使用需要有 Python 的运行环境，以下有两种安装方式，笔者推荐使用第 2 种。

1.3.1 Python 环境安装

在 Python 的官网（https://www.python.org/downloads/）下载并安装包，下载时需要按自己实际的操作系统（Windows、macOS 等）下载相应的包，应选择 Python 3.7 以上版本，因为 Streamlit 不支持 Python 3.7 之前的版本，然后双击安装包并根据引导程序进行安装。

由于这种方式容易出现问题，所以不推荐。当然如果读者很熟悉 Python 的版本和解释器的关系，则可以选择这种方式。

1.3.2 通过 Anaconda 安装

Anaconda 是一个开源的 Python 发行版，用于科学计算、机器学习和数据科学，共包含

200 多个科学计算和机器学习包，支持多 Python 版本，这大大降低了环境配置和依赖安装的难度。

在 Anaconda 的官网（https://www.anaconda.com/）下载并安装包，根据自己的操作系统选择对应的安装包进行下载，然后双击安装包并根据引导程序进行安装。

Streamlit 安装的步骤如下。

1. 启动 Anaconda Powershell Prompt

单击"开始"按钮，然后选择 Anaconda→Anaconda Powershell Prompt，如图 1-1 所示。

图 1-1　启动 Anaconda Powershell Prompt

2. 通过 pip 命令安装 Streamlit

输入以下命令安装 Streamlit，并将版本指定为 1.22，如图 1-2 所示。

图 1-2　安装 Streamlit

当看到如图 1-3 所示的画面时，代表安装成功。

图 1-3　提示 Streamlit 安装成功

1.4 Streamlit 演示项目介绍

为了使初学者可以快速了解并熟悉 Streamlit 的功能和效果，Streamlit 的开发者准备了一个界面友好、功能丰富的演示项目。演示项目是一个多页面项目，其中包含 5 个页面，分别是欢迎页面、动画演示页面、绘图演示页面、地理数据演示页面和数据框演示页面。

1.4.1 启动 Streamlit 演示项目后端服务

在安装完成后，可输入下面的代码启动 Streamlit 演示项目，如图 1-4 所示。

图 1-4 启动 Streamlit 演示项目

在后端服务成功启动后，读者可以看到如图 1-4 所示的输出，其中有两个 URL 信息，一个是 Local URL，即本机 URL，可以在浏览器访问这个 URL 以查看示例项目；另一个是 Network URL，即网络 URL，可以分享给其他人访问及查看演示项目。

1.4.2 欢迎页面

这里用浏览器访问本地 URL，如图 1-5 所示。

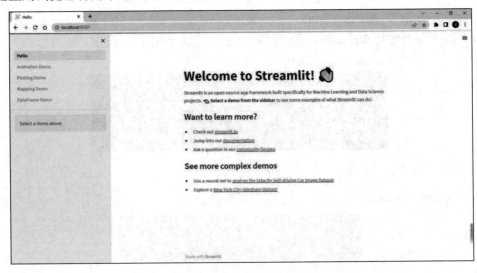

图 1-5 演示项目欢迎页面

1.4.3　动画演示页面

单击左侧侧边栏 Animation Demo，切换到动画演示页面。这个页面展示了如何使用 Streamlit 来构建炫酷的动画。它显示基于朱利亚集合（Julia set）的动画分形，可以使用滑块调整不同的参数，如图 1-6 所示。

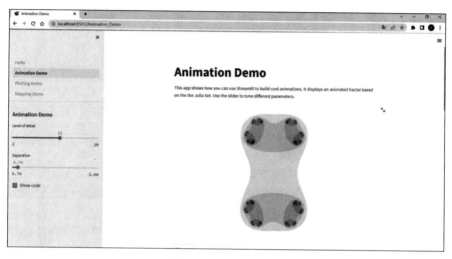

图 1-6　动画演示页面

1.4.4　绘图演示页面

单击左侧侧边栏 Plotting Demo，切换到绘图演示页面。这个页面展示了画图和动画与 Streamlit 的结合。在大约 5s 的循环中生成一堆随机数并利用它们进行动态绘图，如图 1-7 所示。

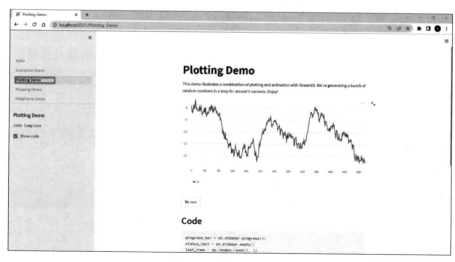

图 1-7　绘图演示页面

1.4.5 地理数据演示页面

单击左侧侧边栏 Mapping Demo，切换到地理数据演示页面，如图 1-8 所示。

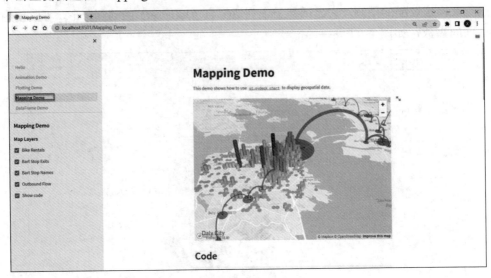

图 1-8 地理数据演示页面

1.4.6 数据框演示页面

单击左侧侧边栏 DataFrame Demo，切换到数据框演示页面，如图 1-9 所示。可以选择多个国家进行农业生产总值的横向对比，下方的数据框和面积图将根据用户选择的国家动态地进行更新和绘制。

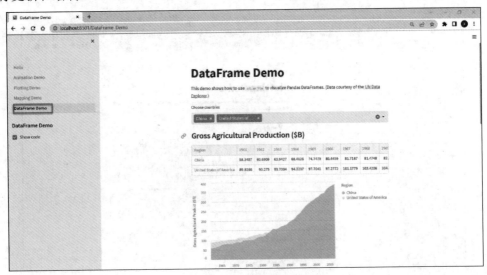

图 1-9 数据框演示页面

1.5　关闭项目运行

返回 Anaconda Powershell Prompt 界面，连续按两次快捷键 Ctrl+C，即可停止服务，如图 1-10 所示，连续按两次快捷键后将出现 Stopping，这时项目就关闭了。

图 1-10　关闭项目运行

1.6　启动自定义的项目

使用 Streamlit 启动自定义的项目是非常简单的，只需运行 streamlit run your_script.py，这里的 your_script.py 就是自定义的 Python 文件，例如新建一个 Python 文件并命名为 first.py，代码如下：

```python
import streamlit as st

st.write('这是我的第 1 个 Streamlit 应用, Hello World。')
```

通过 cd 命令切换到该文件所在的目录下，然后执行 streamlit run first.py，如图 1-11 所示。

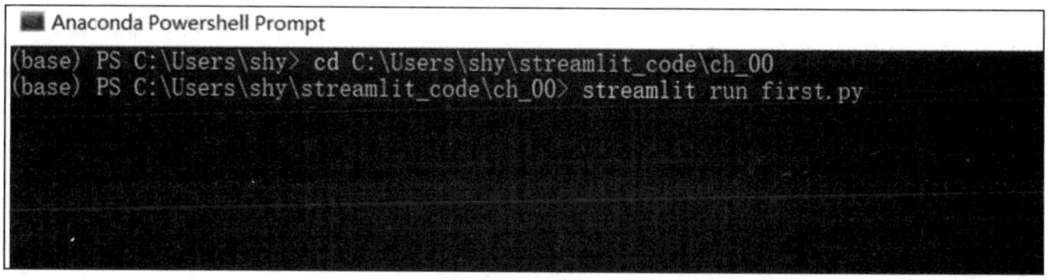

图 1-11　运行自定义项目步骤

自定义项目运行成功，如图 1-12 所示。

图 1-12　运行自定义项目

1.7　本章小结

本章介绍了 Streamlit 的诞生背景和主要用途、Streamlit 的优势及特点、Streamlit 的安装方法、启动和关闭服务的方法，然后介绍了 Streamlit 提供的演示项目，让读者对 Streamlit 有一个直观的感受。最后，介绍了创建并运行自定义项目的方法。

从第 2 章开始，将逐步讲解 Streamlit 的各类元素，为创建漂亮的 Web 应用打下良好的基础。

文本类和数据类展示的元素

本章将介绍 Streamlit 的文本类和数据类展示元素，用来构建 Web 应用的基本内容，文本类元素起到说明的作用，数据类元素用来展示数据，其中，文本类元素包括标题文本、子标题、普通文本、Markdown 文本、代码等，数据展示元素包括数据框元素、静态表元素等。

2.1 普通文本展示元素

9min

普通文本展示元素将显示引号内的任何文本，语法类似于 Python 内置的 print()函数，文本可以包含在单引号、双引号或三引号里。st.text()方法的使用说明如下：

```
st.text(body, *, help=None)
```

（1）body：要展示的文本内容。

（2）help：可选的工具提示，显示在文本的右侧，默认为 None，表示没有工具提示。

注意：为节省篇幅本书代码中 st 将代表 Streamlit，读者应注意。

新建一个名为 text.py 的 Python 文件，创建 3 个普通文本展示元素，每个元素有要展示的文本内容，其中，第 1 个没有工具提示；第 2 个有工具提示，并且工具提示的信息为"这是工具提示"；第 3 个展示了部分转义字符的用法，代码如下：

```
#第 2 章/text.py
import streamlit as st    #导入 Streamlit 并用 st 代表它


#第 1 个普通文本展示元素，无工具提示
st.text("这是一个普通文本展示元素。")
#第 2 个普通文本展示元素，有工具提示
st.text('这也是一个普通文本展示元素，带有工具提示',help='这是工具提示')
#第 3 个普通文本展示元素，展示一些转义字符
st.text('''读者，\n 你们好\t! 欢迎学习 Streamlit''')
```

第 2 个普通文本展示元素，右侧出现工具提示的图标，当鼠标移动到该图标上时，将显示"这是工具提示"的字样，如图 2-1 所示。

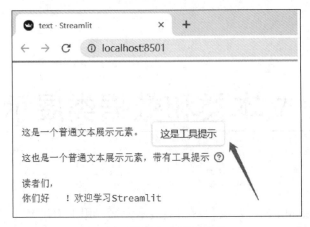

图 2-1 普通文本展示元素

▶6min

2.2 标题展示元素

标题展示元素将以标题的格式显示引号内的文本，每个页面应当有一个标题展示元素，但这不是强制的要求。st.title()方法的使用说明如下：

```
st.title(body, anchor=None, *, help=None)
```

（1）body：要展示的标题文本内容，同时支持一些 Markdown 语法，如增加字体颜色和表情符号。

（2）anchor：该标题的锚点，此锚点是用来定位的。若不指定该参数，则默认将文本内容中的英文单词用连字符（-）连接起来。若文本内容无英文且未指定该参数，则无锚点。

（3）help：可选的工具提示，显示在该元素的右侧，默认为 None，表示没有工具提示。

新建一个名为 title.py 的 Python 文件，创建 6 个标题展示元素，其中，第 1 个的文本内容为全英文的；第 2 个的文本内容为全中文的；第 3 个的文本内容为中英文混杂的；第 4 个的文本内容为中英文混杂并定义了锚点；第 5 个的文本内容为中英文混杂并定义了锚点和工具提示；第 6 个的文本内容包括中文、英文、Markdown 语法和表情符号，并定义了锚点。读者可结合代码中的注释进行理解，title.py 的代码内容如下：

```python
#第 2 章/title.py
import streamlit as st    #导入 Streamlit 并用 st 代表它
#这里为了演示创建了多个标题展示元素

#创建一个标题展示元素，内容是全英文的，默认锚点为 first-title
st.title("first title")

#创建一个标题展示元素，内容是全中文的
#如不定义 anchor 参数，则无锚点
```

```
st.title("标题")

#创建一个标题展示元素，内容是中英文混杂的
#默认的锚点是英文部分，即英文单词 Chinese
st.title("这是 Chinese 标题")

#第 4 个标题展示元素并增加了锚点
st.title('这是第 4 个标题',anchor='fourth')

#第 5 个标题展示元素并增加了锚点和工具提示
st.title('这是第 5 个标题',anchor='fifth', help='工具提示')

#第 6 个标题展示元素，内容使用了 Markdown 语法和表情符号并增加了锚点和工具提示
st.title('这是第*六*个标题 :sunglasses:',anchor='sixth')
```

其中第 2 个标题元素无锚点，无法进行定位；第 6 个标题元素比较吸引人眼球，它的内容有斜体的"六"和表情符号，如图 2-2 所示。

注意：锚点的定位效果，在图片中无法很好展示出来，读者可以自己运行上面的代码，单击各个标题元素，体验感受一下，增强理解。

图 2-2 标题展示元素

2.3 章节展示元素

相对于标题展示元素的文本字号，章节展示元素的文本会比较小一些。与 st.title()方法类似，st.header()方法的使用说明如下：

▶ 7min

```
st.header(body, anchor=None, *, help=None)
```

（1）body：要展示的章节文本内容，同时支持一些 Markdown 语法，如增加字体颜色和表情符号。

（2）anchor：该标题的锚点，此锚点是用来定位的。若不指定该参数，则默认将文本内容中的英文单词用连字符（-）连接起来。若文本内容无英文且未指定该参数，则无锚点。

（3）help：可选的工具提示，显示在该元素的右侧，默认为 None，表示没有工具提示。

新建一个名为 header.py 的 Python 文件，结合之前所讲的普通文本展示元素和标题展示元素，编写一个介绍动物分类的 Web 应用。首先，创建一个标题展示元素，该标题的内容为动物，紧接着创建一个普通文本，用于介绍动物的定义，让用户一眼就可以看出整个 Web 应用在讨论什么话题，然后创建一个章节展示元素，它的内容为哺乳动物，指定了锚点，紧接着创建一个普通文本介绍哺乳动物。按照这样的思路，在这个 Web 应用中还将介绍爬行动物、鱼类和鸟类。

整个 header.py 的代码内容如下：

```python
#第2章/header.py
import streamlit as st    #导入 Streamlit 并用 st 代表它

#创建一个为动物的标题，并将锚点指定为动物
st.title("动物",anchor='动物')
#创建一个文本，介绍动物
st.text('''动物（Animal）是生物的一个种类。它们一般以有机物为食，
是能够自主运动或能够活动的有感觉的生物。人类也是动物之一。''')


#创建一个章节，该章节为哺乳动物，并指定锚点
st.header("哺乳动物:koala:",anchor='哺乳动物')
#创建一个文本，介绍哺乳动物
st.text('哺乳动物是动物世界中形态结构最高等的。')


#创建一个章节，该章节为爬行动物，并指定锚点
st.header("爬行动物:turtle:",anchor='爬行动物')
#创建一个文本，介绍爬行动物
st.text('爬行动物的代表有乌龟、鳄鱼、蜥蜴等。')


#创建一个章节，该章节为鱼类，并指定锚点
st.header("鱼类:fish:",anchor='鱼类')
#创建一个文本，介绍鱼类
st.text('鱼类是最古老的脊椎动物。')
```

```
#创建一个章节，该章节为鸟类，并指定锚点
st.header("鸟类:bird:",anchor='鸟类')
#创建一个文本，介绍鸟类
st.text('由于能飞行，鸟类可以在世界的很多角落生存。')
```

整个 Web 应用的展示效果是非常美观大方的。标题的字号大于章节，章节的字号又大于普通文本，如图 2-3 所示。

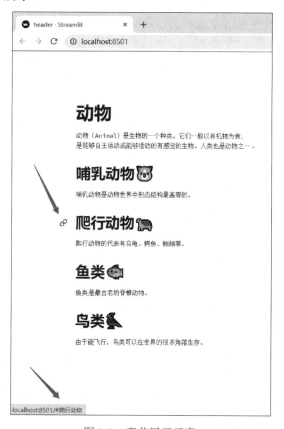

图 2-3　章节展示元素

在截图中的上方箭头，是为了向读者说明锚点的定位功能，即有锚点的元素，在鼠标经过时，该元素的前面会出现要链状的图标，然后移动鼠标到该图标时，鼠标会变成手掌状，同时浏览器下方会出现下方箭头所示的链接，单击链状的图标，浏览器会跳转到下方箭头所示的链接。

为了增加 Web 应用的展示效果，4 个章节展示元素中都使用了与内容相应的表情符号，如哺乳动物后面加上了考拉的表情符号。Streamlit 支持大约 1900 个表情符号，涵盖很多种类别，极大地加强了向用户介绍各类信息的能力。Streamlit 支持的全部表情符号可以在这个链接（https://streamlit-emoji-shortcodes-streamlit-app-gwckff.streamlit.app/）查看。

▶ 6min

2.4 子章节展示元素

相对于章节展示元素的文本字号，子章节展示的文本会比较小一些。与 st.header()方法类似，st.subheader()方法的使用说明如下：

```
st.subheader(body, anchor=None, *, help=None)
```

（1）body：要展示的子章节文本内容，同时支持一些 Markdown 语法，如增加字体颜色和表情符号。

（2）anchor：该标题的锚点，此锚点是用来定位的。若不指定该参数，则默认将文本内容中的英文单词用连字符（-）连接起来。若文本内容无英文且未指定该参数，则无锚点。

（3）help：可选的工具提示，显示在该元素的右侧，默认为 None，表示没有工具提示。

新建一个名为 subheader.py 的 Python 文件，结合之前所讲的普通文本展示元素、标题展示元素和章节展示元素，编写一个介绍山西省的 Web 应用。首先，创建了一个标题展示元素，该标题的内容为山西省，然后创建两个章节展示元素，它们的内容为简介和行政区划，然后在行政区划的章节后，分别创建太原市、临汾市和未完待续的子章节展示元素。

整个 subheader.py 的代码内容如下：

```python
#第2章/subheader.py

import streamlit as st    #导入 Streamlit 并用 st 代表它

#创建一个标题，此标题为山西省，并将锚点指定为山西省
st.title("山西省",anchor='shanxi')
#创建一个简介的章节，并将锚点指定为简介
st.header("简介",anchor='introduction')
#创建一个普通文本，介绍山西省
st.text('''山西省，简称"晋"，中华人民共和国省级行政区，省会太原市，位于中国华北，东
与河北省为邻，西与陕西省相望，南与河南省接壤，北与内蒙古自治区毗连，介于北纬 34°34'-40°44'，
东经 110°14'-114°33'。''')

#创建一个为行政区划的章节，并将锚点指定为行政区划
st.header("行政区划",anchor='area')
#创建一个名为太原市的子章节，并将行政区划指定为简介
st.subheader("太原市", anchor='taiyuan')
st.text('''太原市，简称"并(bing)"，古称晋阳，别称并州、龙城，山西省辖地级市、省会、
大型城市，国务院批复确定的中部地区重要的中心城市，以能源、重化工为主的工业基地。''')

st.subheader("临汾市",anchor='linfen')
st.text('''临汾市，别称平阳、卧牛城、花果城，山西省辖地级市，位于山西西南部，东倚太岳，
与长治、晋城为邻；西临黄河，与陕西延安、渭南隔河相望，北起韩信岭，与晋中、吕梁毗连；南与运城
```

接壤，因地处汾水之滨而得名。'''）

```
st.subheader("未完待续……")
```

整个介绍山西省的 Web 应用，层次分明，结构清楚，如图 2-4 所示。

图 2-4　子章节展示元素

2.5　代码块展示元素

6min

在 Streamlit 应用中，可以使用 st.code()方法来显示各种编程语言的代码块，具体的使用说明如下：

```
st.code(body, language="python", line_numbers=False)
```

（1）body：要展示的代码块内容，数据类型为 Python 的字符串类型。

（2）language：指定代码块的编程语言，将根据该参数用于语法高亮。默认为 Python 语言，也支持多种常见编程语言，如 C、Java、JavaScript 等。如果将该参数设置为 None，则没有语法高亮。

（3）line_numbers：指定是否显示该代码块的行号。默认值为 False，即该代码块不显示行号，若设置为 True，则显示行号。

新建一个名为 code.py 的 Python 文件，结合之前所讲的子章节展示元素，编写一个介绍含有常见编程语言代码块的 Web 应用。首先，创建一个子章节展示元素，该标题的内容为

Python, 然后创建 3 个代码块展示元素, 用于说明参数的用法, 然后创建一个子章节展示元素, 该标题的内容为 Java, 并编写一些 Java 代码用于展示。最后, 创建一个子章节展示元素, 该标题的内容为 JavaScript, 并编写一些 JavaScript 代码用于展示。

整个 code.py 的代码内容如下:

```python
#第 2 章/code.py
import streamlit as st    #导入 Streamlit 并用 st 代表它

st.subheader('Python 代码块')
#创建要显示的 Python 代码块的内容
python_code = '''def hello():
    print("你好, Streamlit! ")
'''
#创建一个代码块, 用于展示 python_code 的内容
#将 language 设置为 None, 即该代码块无语法高亮
st.code(python_code, language=None)
#创建一个代码块, 用于展示 python_code 的内容
#language 为默认, 即该代码块以 Python 语法高亮
st.code(python_code)
#创建一个代码块, 用于展示 python_code 的内容
#language 为默认, 即该代码块以 Python 语法高亮
#将 line_numbers 设置为 True, 即该代码块有行号
st.code(python_code, line_numbers=True)

st.subheader('Java 代码块')
#创建要显示的 Java 代码块的内容
java_code = '''public class Hello {
    public static void main(String[] args) {
        System.out.println("你好! Streamlit!");
    }
}
'''

#创建一个代码块, 用于展示 java_code 的内容
#将 language 设置为 Java, 即该代码块以 Java 语法高亮
st.code(java_code, language='java')

st.subheader('JavaScript 代码块')
#创建要显示的 JavaScript 代码块的内容
javascript_code = '''<p id="demo"></p>
<script>
    document.getElementById("demo").innerHTML ="你好! Streamlit!";
</script>
```

```
'''
#创建一个代码块，用于展示 javascript_code 的内容
#将 language 设置为 JavaScript，即该代码块以 JavaScript 语法高亮
st.code(javascript_code, language='javaScript')
```

用圆圈标记的地方是为了提醒读者，对每个代码块元素都可以进行复制操作。用矩形标记的地方表示该代码块将 line_numbers 设置为 True，所以代码前面都有行号，如图 2-5 所示。

图 2-5　代码块展示元素

2.6　说明文字展示元素

相对于普通文本展示元素的文本字号，说明文字展示元素的文本会更小一些，通常显示为 small，主要用作旁白、脚注和其他解释性文字，例如代码块和图片的标题。st.caption() 方法的使用说明如下：

```
st.caption(body, unsafe_allow_html=False, *, help=None)
```

（1）body：要说明的文本内容，同时支持一些 Markdown 语法，如增加字体颜色和表情符号。

（2）unsafe_allow_html：在默认情况下，在 body 字符串中找到的任何 HTML 标记都将被转义，因此被视为纯文本。可以通过将此参数设置为 True 来关闭此行为。该参数会存在

一些安全隐患，官方建议将此参数设置为 False。

（3）help：可选的工具提示，显示在该元素的右侧，默认为 None，表示没有工具提示。

新建一个名为 caption.py 的 Python 文件，结合之前所学的各类文本展示元素，编写一个 Web 应用。该 Web 应用包含章节展示元素、子章节展示元素、普通文本展示元素、代码块展示元素和说明文字展示元素。整个 code.py 的代码内容如下：

```python
#第 2 章/caption.py
import streamlit as st

st.header('这是一个章节展示元素')
st.subheader('这是一个子章节展示元素')
st.text('这是普通文本展示元素')

python_code = '''def hello():
    print("你好，Streamlit! ")
'''
#默认说明文字样式
st.caption('代码块 1: Python 代码')
#斜体说明文字样式
st.caption('<i>代码块 1: Python 代码</i>', unsafe_allow_html=True)
#居中对齐的说明文字样式
st.caption('<center>代码块 1: Python 代码</center>',unsafe_allow_html=True)
st.code(python_code)
```

以从上到下的顺序观察，可以感觉到文本字体不断变小，方便读者对比学习，其中创建的 3 个说明文字展示元素都用来说明代码块。它们在样式方面存在着一些差别，这是因为在上面的代码中，已将 unsafe_allow_html 设置为 True。读者可阅读代码进行比较，<i>代表斜体、<center>代表居中对齐，如图 2-6 所示。

图 2-6　说明文字展示元素

5min

2.7 Markdown 语法展示元素

Markdown 是一种轻量级标记语言，用于使用纯文本编辑器创建格式化文本。Markdown 广泛用于博客、即时消息、在线论坛、协作软件、文档页面和自述文件。在 Streamlit 库中 st.markdown()方法专门用于支持 Markdown 语法，具体的使用说明如下：

```
st.markdown(body, unsafe_allow_html=False, *, help=None)
```

（1）body：要展示的文本内容。可以是普通文本，也可以是 Markdown 语法，如增加字体颜色和表情符号。

（2）unsafe_allow_html：在默认情况下，在 body 字符串中找到的任何 HTML 标记都将被转义，因此被视为纯文本。可以通过将此参数设置为 True 来关闭此行为。该参数会存在一些安全隐患，官方建议将此参数设置为 False。

（3）help：可选的工具提示，显示在该元素的右侧，默认为 None，表示没有工具提示。

新建一个名为 markdown.py 的 Python 文件，使用 st.markdown()方法显示 Markdown 的语法，如标题、分隔线、字体样式、无序列表、有序列表、表格等。整个 markdown.py 的代码内容如下：

```python
#第 2 章/markdown.py
import streamlit as st   #导入 Streamlit 并用 st 代表它

#标题格式
st.markdown('#一级标题')
st.markdown('##二级标题')
st.markdown('###三级标题')
st.markdown('####四级标题')
st.markdown('#####五级标题')
st.markdown('######六级标题')
#分隔线
st.markdown('***')
st.markdown('普通文本')
st.markdown(':red[红色文本]')
#文本
st.markdown('*斜体文本*')
st.markdown('_斜体文本_')
st.markdown('**粗体文本**')
st.markdown('__粗体文本__')
st.markdown('***粗斜体文本***')
st.markdown('___粗斜体文本___')

#分隔线
```

```
st.markdown('***')
#无序列表
st.markdown('''- Python
- java
- c''')

#分隔线
st.markdown('***')
#有序列表
st.markdown('''1. 第 1 项
2. 第 2 项
3. 第 3 项''')

#分隔线
st.markdown('***')
#表格
st.markdown('''
| 表头 1 | 表头 2 |
| :-: | :-: |
| 单元格 1 | 单元格 2 |
| 单元格 3 | 单元格 4 |''')
```

读者可在本地运行，并结合代码进行理解。部分效果如图 2-7 所示。

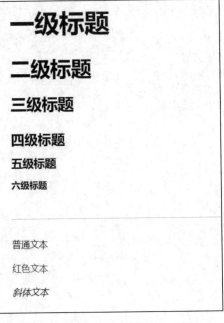

图 2-7　Markdown 语法展示元素

5min

2.8 LaTeX 公式文本展示元素

LaTeX 是用于技术文档排版的标记语言，是一个高质量的排版系统，用于科学和技术文档的文档化。它广泛应用于学术界，用于交流和发表经济学、社会学、数学、化学、物理学、工程学等领域的科学论文。它还被用于处理不同结构的格式布局。

SymPy 是一个用于执行符号计算的 Python 库。它是一个计算机代数系统（Computer Algebra System，CAS），既可以用作独立应用程序，也可以用作其他应用程序的库。SymPy 具有广泛的功能，适用于基本符号算术、微积分、代数、离散数学、量子物理等领域。SymPy 能够将结果格式化为多种格式，包括 LaTeX、MathML 等。

在 Streamlit 库中，st.latex()方法专门用于支持 LaTeX 字符串显示和 SymPy 表达式，具体的使用说明如下：

```
st.latex(body, *, help=None)
```

（1）body：要显示的 LaTeX 的字符串或者 SymPy 表达式。如果是字符串，则应当使用原始字符串，即在 Python 字符串前方加 r，因为 LaTeX 经常使用反斜杠，所以用于避免引起歧义。

（2）help：可选择的工具提示，显示在该元素的右侧，默认为 None，表示没有工具提示。

新建一个名为 latex.py 的 Python 文件，使用 st.latex()显示 LaTeX 字符串和 SymPy 的表达式。首先，显示式(2-1)，然后再展示一个 SymPy 的表达式。

$$\sum_{k=0}^{n-1} cx^k = c\left(\frac{1-x^n}{1-x}\right) \tag{2-1}$$

整个 latex.py 的代码内容如下：

```
#第2章/latex.py
import streamlit as st  #导入 Streamlit 并用 st 代表它
import sympy  #导入 SymPy


#显示 LaTeX 字符串
st.subheader('显示 LaTeX 字符串')
st.latex(r'''\textstyle\sum_{k=0}^{n-1} cx^k =
        c \left(\frac{1-x^{n}}{1-x}\right)''')

#显示 SymPy 表达式
st.subheader('显示 SymPy 表达式')
```

```
#将 x 定义为符号 x
x=sympy.Symbol('x')
#expr 为求 x 的平方根
expr = sympy.sqrt(x)
st.latex(expr)
```

st.latex()方法能很好地展示 LaTeX 字符串和 SymPy 的表达式，如图 2-8 所示。

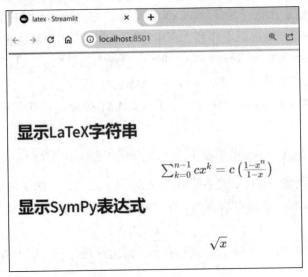

图 2-8　展示 LaTeX 公式和 SymPy 的表达式

　　读者可能对其中的代码不太理解，这没有关系。读者只需对 st.latex()的用法进行了解就可以了。至于 LaTeX 字符串的编写和 SymPy 库的使用，已经超出了本书的讲解范围。有兴趣的读者可以查找关于它们的书籍和资料进行学习。

2.9　数据框展示元素

　　DataFrame 数据框是数据科学和机器学习项目中最重要的数据格式之一。它由具有作为标记数据的行和列的二维数据组成。这里的 dataframe 数据框可以来自 Pandas 库、PyArrow 库、Snowpark 库和 PySpark 库，也可以是能转换成 dataframe 数据框类型的数据，如 Python 中的列表、集合和字典及 NumPy 库中 arrays 数据类型。

　　Streamlit 库使用 st.dataframe()方法会以交互式的表格式显示数据框，这意味着该表是可以滚动的，也可以动态地更改表的大小，具体的使用说明如下：

```
st.dataframe(data=None, width=None, height=None, *, use_container_width=
False)
```

（1）data：要显示的数据，即上述来自各库的 dataframe 数据框。

（2）width：指定显示数据框的宽度，单位是像素，默认为 None，将自动计算宽度。

（3）height：指定显示数据框的高度，单位是像素，默认为 None，将使用默认高度。

（4）use_container_width：是否将数据框的宽度设置为父容器的宽度。默认值为 False，不设置。

新建一个名为 dataframe.py 的 Python 文件，使用 st.dataframe()方法显示数据框。这里使用 Pandas 库中的 dataframe 进行举例说明。首先创建一个 dataframe，并用子章节元素说明内容，然后给 st.dataframe()设置不同的参数。整个 dataframe.py 的代码内容如下：

```python
#第2章/dataframe.py
import pandas as pd        #导入 Pandas 并用 pd 代替
import streamlit as st     #导入 Streamlit 并用 st 代表它

#定义数据，以便创建数据框
data = {
    '1 号门店':[568, 868, 670, 884, 144],
    '2 号门店':[820, 884, 768, 524, 709],
    '3 号门店':[577, 532, 996, 929, 694],
}
#定义数据框所用的索引
index = pd.Series(['01 月', '02 月', '03 月', '04 月', '05 月'], name='月份')
#根据上面创建的 data 和 index 创建数据框
df = pd.DataFrame(data, index=index)


st.subheader('默认显示')
st.dataframe(df)

st.subheader('设置宽度和高度')
st.dataframe(df, width=400, height=150)

st.subheader('设置为父容器的宽度')
st.dataframe(df, use_container_width=True)
```

这里 3 个数据框展示元素都设置同一个数据框 df。不同的是，第 2 个数据框展示元素设置宽度和高度，第 3 个将宽度设置为父容器的宽度。读者可以进行比较理解各个参数的含义。图 2-9 中的箭头是为了提醒数据框展示元素，可以进行全屏放大。

除了从图中可以看到的功能外，数据框展示元素还提供了排序、滚轮、选中时高亮等功能，读者可以自行运行代码，以便加强记忆。

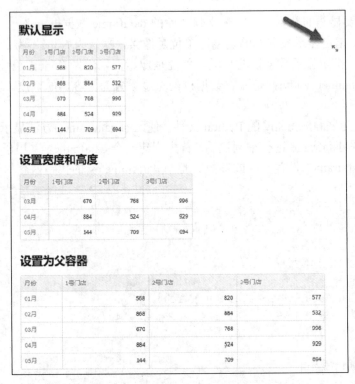

图 2-9　st.dataframe()数据框展示元素

4min

2.10　Table 数据框展示元素

Table 数据框展示元素与 dataframe 数据展示元素的区别是，它的表格是静态的，没有排序和选中时高亮的功能。st.table()方法的具体使用说明如下：

```
st.table(data=None)
```

data：要显示的数据。和 st.dataframe()中的 data 参数一样。

新建一个名为 table.py 的 Python 文件，使用 st.table()显示 Pandas 库的 dataframe。创建一个 dataframe，并用子章节元素说明内容，然后使用 st.table()显示 dataframe。整个 table.py 的代码内容如下：

```
#第2章/table.py
import pandas as pd    #导入 Pandas 并用 pd 代替
import streamlit as st  #导入 Streamlit 并用 st 代表它

#定义数据，以便创建数据框
data = {
    '1号门店':[568, 868, 670, 884, 144],
```

```
    '2 号门店':[820, 884, 768, 524, 709],
    '3 号门店':[577, 532, 996, 929, 694],
}
#定义数据框所用的索引
index = pd.Series(['01 月', '02 月', '03 月', '04 月', '05 月'], name='月份')
#根据上面创建的 data 和 index 创建数据框
df = pd.DataFrame(data, index=index)

st.subheader('静态表')
st.table(df)
```

st.table()方法不能显示 df 的索引名，同时每列的标题与数据在格式上没有区别。虽然 st.table()方法也提供了全屏放大功能，但是不提供排序功能，如图 2-10 所示。

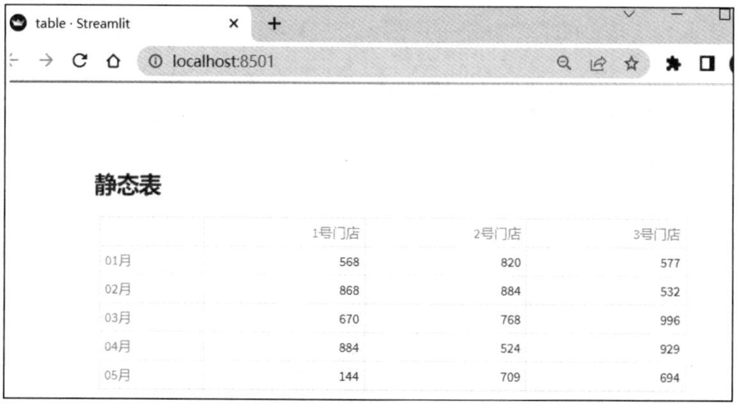

图 2-10   st.table()数据框展示元素

2.11 Metric 指标类展示元素

在 Streamlit 库中，可以使用 st.metric()方法显示指标类数据，它可以帮助用户轻松地看到数据中的任何变化。还可以定义数据的各类变化，无论它是增加还是减少。该展示元素常用于数据大屏展示。st.metric()方法的具体使用说明如下：

```
st.metric(label, value, delta=None, delta_color="normal", help=None,
label_visibility= "visible")
```

（1）label：度量的标题，如温度、风速、收入，表明 value 的含义。

（2）value：度量的数值，如 32℃、5m/s、100 万。

（3）delta：度量的变化值。

（4）delta_color：变化值的颜色。

（5）help：可选的工具提示，显示在该元素的右侧，默认为 None，表示没有工具提示。

（6）label_visibility：label 是否可见。

新建一个名为 metric.py 的 Python 文件，本节将创建多个 metric 指标类展示元素，以便举例说明，还有提前使用 st.columns()，用来创建列布局，为了页面的美观，后续章节将深入讲解 Web 应用的布局。整个 metric.py 的代码内容如下：

```python
#第2章/metric.py
import streamlit as st  #导入Streamlit并用st代表它


st.subheader('收入情况')
st.metric(label="当日收入", value="1500", delta="100")


st.subheader('天气情况')
#定义列布局，分成3列
c1, c2, c3 = st.columns(3)
c1.metric(label="温度", value="32℃", delta="-1.5℃")
c2.metric(label="湿度", value="76%", delta="6%")
c3.metric(label="风速", value=None, delta="0", delta_color="off")


st.subheader('员工情况')
st.metric(label="员工人数", value="320", delta="10", label_visibility=
'hidden')
```

其中天气情况使用列布局，对于其他的信息，读者可结合代码进行理解，如图 2-11 所示。

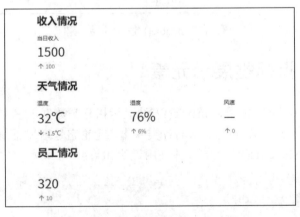

图 2-11　st.metric 数据框展示元素

2.12　JSON 数据展示元素

JSON 是一种独立于语言的数据格式。它源自 JavaScript，但许多现代编程语言包含用于生成和解析 JSON 格式数据的代码。JSON 文件名使用扩展名.json。

在 Streamlit 库中，可以使用 st.json()方法显示从 JSON 文件中读取的数据，st.json()方法的具体使用说明如下：

```
st.json(body, *, expanded=True)
```

（1）body：从 JSON 文件中读取的对象或可序列化为 JSON 的字符串。

（2）expanded：是否自动展开显示。默认值为 True，代表展开显示。

首先，新建一个名为 json_data.json 的 JSON 文件，模拟一份数据，具体代码如下：

```json
{
    "Students": [
            {
                    "ID": "1",
                    "Name": "王鑫",
                    "Email": "847854712@qq.com",
                    "Country": "中国"
            },
            {
                    "ID": "2",
                    "Name": "Bob",
                    "Email": "Bob@gmail.com",
                    "Country": "英国"
            }
    ]
}
```

其次，新建一个名为 json.py 的 Python 文件，确保与刚刚新建的 JSON 文件在同一目录下。在代码中读取 JSON 数据文件，然后使用 st.json()方法进行显示，接着创建一个可序列化为 JSON 的字符串，然后使用 st.json()方法显示此字符串。整个 json.py 的代码内容如下：

```python
#第 2 章/json.py
import streamlit as st  #导入 Streamlit 并用 st 代表它
import json  #导入 JSON 库

#使用 open()函数，读取 json_data.json 文件
#并将编码指定为 UTF-8（因为文件中包含中文）
with open("json_data.json", "r", encoding="utf-8") as f:
    my_obj = json.load(f)
st.subheader('来自 JSON 文件的数据')
st.json(my_obj)


my_string = '''[
    {"name":"王鑫","city":"临汾"},
```

```
        {"name":"Bob","city":"London"}
]'''
st.subheader('来自 Python 字符串')
st.json(my_string, expanded=False)
```

st.json()方法能够高亮地展示 JSON 数据，第 1 个 JSON 数据用于展示元素的 expanded 参数未指定，默认值为 True，会自动进行展开，而第 2 个 JSON 数据用于展示元素的 expanded 为 False，不会自动展开。图 2-12 中的部分是笔者刚刚单击展开箭头，如图 2-12 中矩形圈住的部分。图中圆圈是为了提示读者，可以单击进行复制。

来自JSON文件的数据

```
▼ {
   ▼ "Students" : [
      ▼ 0 : {
           "ID" : "1"
           "Name" : "王鑫"
           "Email" : "847854712@qq.com"
           "Country" : "中国"
        }
      ▼ 1 : {
           "ID" : "2"
           "Name" : "Bob"
           "Email" : "Bob@gmail.com"
           "Country" : "英国"
        }
     ]
   }
```

来自Python字符串

```
▼ [
    0 : {...}
  ▶ 1 : {...}
  ]
```

图 2-12　st.json()数据框展示元素

10min

2.13　超级方法 write()展示各类元素

st.write()方法类似于 Python 中的 print()函数或 C 语言和 Java 中的 printf()语句。根据输入的不同数据类型，st.write()方法会选择相应的输出方法。st.write()方法的具体使用说明如下：

```
st.write(*args, unsafe_allow_html=False, **kwargs)
```

（1）args：一个或多个需要展示的元素。可以是前面所学的部分展示元素，也可以是之后章节介绍的图表元素。

（2）unsafe_allow_html：与之前学过的该参数含义一样。

（3）kwargs：其他关键字参数，不常用。

新建一个名为 write_text.py 的 Python 文件，展示文本内容。编写 write_text.py 的代码内容如下：

```
import streamlit as st  #导入 Streamlit 并用 st 代表它

#Markdown 格式的文本
st.write('你好，_Streamlit_！你非常*实用*:+1:')
```

效果如图 2-13 所示。

你好，*Streamlit*！你非常实用👍

图 2-13　st.write()方法展示文本

新建一个名为 write_df.py 的 Python 文件，展示 dataframe 数据框。编写 write_data.py 的代码内容如下：

```
#第 2 章/write_df.py
import streamlit as st  #导入 Streamlit 并用 st 代表它
import pandas as pd

#定义数据，以便创建数据框
data = {
    '1 号门店':[568, 868, 670, 884, 144],
    '2 号门店':[820, 884, 768, 524, 709],
    '3 号门店':[577, 532, 996, 929, 694],
}
#定义数据框所用的索引
index = pd.Series(['01 月', '02 月', '03 月', '04 月', '05 月'], name='月份')
#根据上面创建的 data 和 index 创建数据框
df = pd.DataFrame(data, index=index)

st.write(df)
```

效果如图 2-14 所示。

新建一个名为 write_args.py 的 Python 文件，展示多个参数。编写 write_args.py 的代码内容如下：

月份	1号门店	2号门店	3号门店
01月	568	820	577
02月	868	884	532
03月	670	768	996
04月	884	524	929
05月	144	709	694

图 2-14　st.write()方法展示数据框

```
#第2章/write_args.py
import streamlit as st   #导入 Streamlit 并用 st 代表它
import pandas as pd

df = pd.DataFrame({
    '1 号店': [100, 230],
    '2 号店': [120, 220],
    '3 号店': [190, 320],
})
#传入多个参数
st.write('2 * 3 = ',6)
st.write('下面是门店数据',df, '上面是门店数据')
```

效果如图 2-15 所示。

图 2-15　st.write()方法展示多种元素

<table>
<tr><td>第 3 章</td></tr>
</table>

数据可视化和图表元素

数据可视化是将数据以图形化的方式展示出来的过程。它通过图表、图形、地图等可视化元素来表达数据的特征、趋势、关系和模式。通过数据可视化，决策者可以更直观地了解数据的内在含义和趋势，从而做出更准确和有针对性的决策。Streamlit 库内置了多种图表元素，方便用户进行可视化分析，同时，还支持多种不同的图表库，例如 Matplotlib 库、Seaborn 库、Altair 库、Plotly 库等。

12min

3.1 内置折线图

折线图是一种基本的统计图形，它使用折线将一个或多个数据集连接起来，展示数据在指定轴上的变化趋势。Streamlit 库中可使用内置 st.line_chart()方法绘制折线图，具体的使用说明如下：

```
st.line_chart(data=None, *, x=None, y=None, width=0, height=0,
use_container_width=True)
```

（1）data：需要绘制的数据。该参数的数据类型与数据框展示元素 st.dataframe()方法的 data 参数类似。

（2）x：设置图表的 x 轴。该参数的数据类型为字符串型类型或者 None。如果为 None，则使用 data 参数的索引作为 x 轴，如果为字符串类型，则必须为 data 参数某一列的列名。该参数只能通过关键字设置，默认为 None。

（3）y：设置图表的 y 轴。该参数的数据类型为字符串型类型、None 或者多个字符串组成的列表。如果为多个字符串组成的列表，则每个字符串必须是 data 参数的某个列名，图表将只显示这些列对应的数据。如果为字符串类型，则必须为 data 参数某一列的列名，图表将只显示该列的数据。如果为 None，则将显示所有列的数据。该参数只能通过关键字设置，默认为 None。

（4）width：图表宽度（以像素为单位）。如果为 0，则自动选择宽度。该参数只能通过关键字设置，默认为 0。该参数的优先级低于 use_container_width，如果要使 width 参数生效，则需要先将 use_container_width 指定为 False。

（5）height：图表高度（以像素为单位）。如果为 0，则自动选择高度。该参数只能通过关键字设置，默认为 0。该参数的优先级低于 use_container_width，如果要使 height 参数生效，则需要先将 use_container_width 指定为 False。

（6）use_container_width：是否将图表的宽度设置为父容器的宽度。默认值为 True，与父容器的宽度相同。该参数的优先级高于上面的 width 和 height。

新建一个名为 line_chart.py 的 Python 文件，整体的思路是先构建要绘制折线图的数据，然后逐个设置上面的参数，体会不同参数的作用。先创建数据框所需的数据字典，然后修改数据框的索引，接着使用 st.write()方法展示数据框，通过设置 x 参数将"月份"列指定为 x 轴，然后绘制第 1 个折线图，再将该数据框的索引修改为"月份"列，接着分别设置不同的 y 参数，绘制第 2 个和第 3 个折线图。最后设置 width、height 和 use_container_width 参数，绘制第 4 个折线图。整个文件中的代码如下：

```python
#第3章/line_chart.py
import streamlit as st
import pandas as pd

#定义数据，以便创建数据框
data = {
    '月份':['01月', '02月', '03月'],
    '1号门店':[200, 150, 180],
    '2号门店':[120, 160, 123],
    '3号门店':[110, 100, 160],
}
#根据上面创建的data创建数据框
df = pd.DataFrame(data)
#定义数据框所用的新索引
index = pd.Series([1, 2, 3,], name='序号')
#将新索引应用到数据框上
df.index = index

st.header("门店数据")
#使用write()方法展示数据框
st.write(df)
st.header("折线图")

st.subheader("设置x参数")
#通过x将月份所在的这一列指定为折线图的x轴
st.line_chart(df, x='月份')

#修改df，用月份列作为df的索引，替换原有的索引
df.set_index('月份', inplace=True)
```

```
st.subheader("设置 y 参数")
#通过 y 参数筛选只显示 1 号门店的数据
st.line_chart(df, y='1 号门店')
#通过 y 参数筛选只显示 2、3 号门店的数据
st.line_chart(df, y=['2 号门店','3 号门店'])

st.subheader("设置 width、height 和 use_container_width 参数")
#通过 width、height 和 use_container_width 指定折线图的宽度和高度
st.line_chart(df, width=300, height=300, use_container_width=False)
```

由于上面 Python 文件构建的展示折线图的 Web 应用内容较多，一个截图很难展示所有的信息，所以笔者将该 Web 应用的内容分成多个截图进行说明和解释。

需要绘制条形图的数据框，如图 3-1 所示。

门店数据

序号	月份	1号门店	2号门店	3号门店
1	01月	200	120	110
2	02月	150	160	100
3	03月	180	123	160

图 3-1　需要绘制条形图的数据框

设置 x 参数的折线图，如图 3-2 所示。

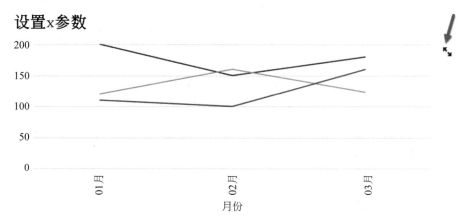

图 3-2　设置 x 参数的折线图

　　Streamlit 内置的图表都有一定的交互操作，绘制的图表的右上方会出现缩放的按钮，读者可以运行代码，自行体会。

　　设置 y 参数的折线图，如图 3-3 所示。

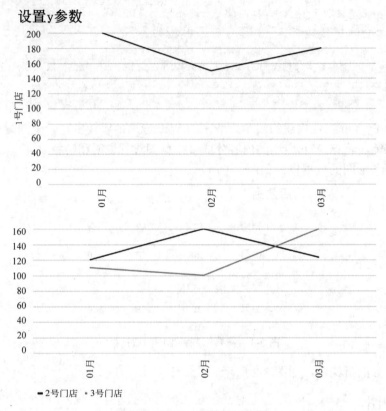

图 3-3　设置 y 参数的折线图

　　设置 width、height 和 use_container_width 参数的折线图，如图 3-4 所示。

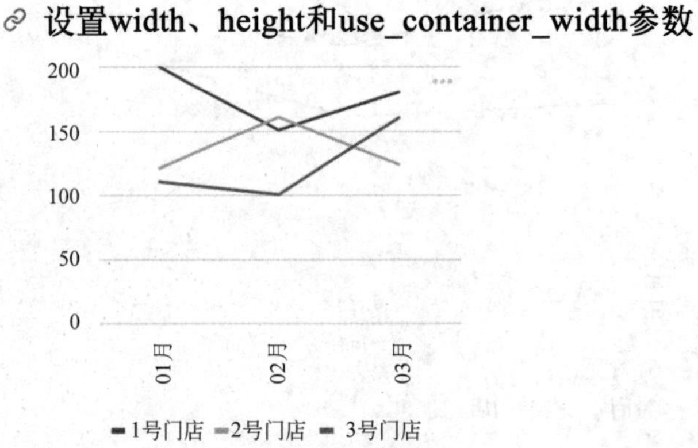

图 3-4　设置 width、height 和 use_container_width 参数的折线图

8min

注意：Streamlit 内置的图表的可定制性比较差，对于一般的场景是可以满足需求的，如有特殊的需求，可以使用 st.altair_chart()方法。

3.2　内置条形图

条形图是一种基本的统计图形，它使用矩形条显示分类数据，矩形条的长度用于表达数值的大小。在 Streamlit 库中可使用内置 st.bar_chart()方法绘制条形图，具体的使用说明如下：

```
st.bar_chart(data=None, *, x=None, y=None, width=0, height=0,
use_container_width=True)
```

（1）data：需要绘制的数据。该参数的数据类型与数据框展示元素 st.dataframe()方法的 data 参数类似。

（2）x：设置图表的 x 轴。该参数的数据类型为字符串型类型或者 None。如果为 None，则使用 data 参数的索引作为 x 轴，如果为字符串类型，则必须为 data 参数某一列的列名。该参数只能通过关键字设置，默认为 None。

（3）y：设置图表的 y 轴。该参数的数据类型为字符串型类型、None 或者多个字符串组成的列表。如果为多个字符串组成的列表，则每个字符串必须是 data 参数的某个列名，图表将只显示这些列对应的数据。如果为字符串类型，则必须为 data 参数某一列的列名，图表将只显示该列的数据。如果为 None，则将显示所有列的数据。该参数只能通过关键字设置，默认为 None。

（4）width：图表宽度（以像素为单位）。如果为 0，则自动选择宽度。该参数只能通过关键字设置，默认为 0。该参数的优先级低于 use_container_width，如果要使 width 参数生效，则需要先将 use_container_width 指定为 False。

（5）height：图表高度（以像素为单位）。如果为 0，则自动选择高度。该参数只能通过关键字设置，默认为 0。该参数的优先级低于 use_container_width，如果要使 height 参数生效，则需要先将 use_container_width 指定为 False。

（6）use_container_width：是否将图表的宽度设置为父容器的宽度。默认值为 True，与父容器的宽度相同。该参数的优先级高于上面的 width 和 height。

新建一个名为 bar_chart.py 的 Python 文件，整体的思路是先构建要绘制折条形图的数据，然后逐个设置上面的参数，体会不同参数的作用。先创建数据框所需的数据字典，然后修改数据框的索引，接着使用 st.write()方法展示数据框，通过设置 x 参数指定"月份"列为 x 轴，然后绘制第 1 个条形图，再将该数据框的索引修改为"月份"列，接着分别设置不同的 y 参数，绘制第 2 个和第 3 个条形图。最后设置 width、height 和 use_container_width 参数，绘制第 4 个条形图。整个文件中的代码如下：

```
#第3章/bar_chart.py
import streamlit as st
```

```
import pandas as pd

#定义数据，以便创建数据框
data = {
    '月份':['01月', '02月', '03月'],
    '1号门店':[200, 150, 180],
    '2号门店':[120, 160, 123],
    '3号门店':[110, 100, 160],
}
#根据上面创建的data创建数据框
df = pd.DataFrame(data)
#定义数据框所用的新索引
index = pd.Series([1, 2, 3,], name='序号')
#将新索引应用到数据框上
df.index = index

st.header("门店数据")
#使用write()方法展示数据框
st.write(df)
st.header("条形图")

st.subheader("设置x参数")
#通过x将月份所在的这一列指定为条形图的x轴
st.bar_chart(df, x='月份')

#修改df，用月份列作为df的索引，替换原有的索引
df.set_index('月份', inplace=True)

st.subheader("设置y参数")
#通过y参数筛选只显示1号门店的数据
st.bar_chart(df, y='1号门店')
#通过y参数筛选只显示2、3号门店的数据
st.bar_chart(df, y=['2号门店','3号门店'])

st.subheader("设置width、height和use_container_width参数")
#通过width、height和use_container_width指定条形图的宽度和高度
st.bar_chart(df, width=300, height=300, use_container_width=False)
```

由于上面Python文件构建的展示条形图的Web应用内容较多，一个截图很难展示所有的信息，所以笔者将该Web应用的内容分成多个截图进行说明和解释。

需要绘制条形图的数据框，如图3-5所示。

设置x参数的条形图，如图3-6所示。

门店数据

序号	月份	1号门店	2号门店	3号门店
1	01月	200	120	110
2	02月	150	160	100
3	03月	180	123	160

图 3-5 需要绘制条形图的数据框

条形图

设置x参数

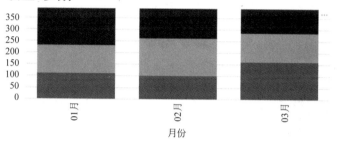

图 3-6 设置 x 参数的条形图

设置 y 参数的条形图，如图 3-7 所示。

设置y参数

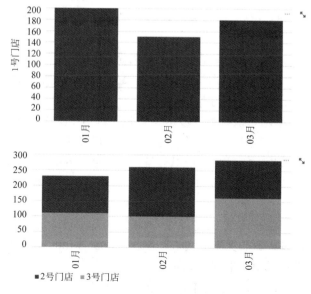

图 3-7 设置 y 参数的条形图

设置 width、height 和 use_container_width 参数的条形图，如图 3-8 所示。

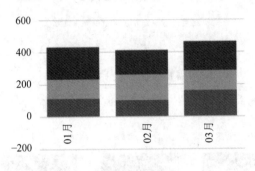

图 3-8　设置 width、height 和 use_container_width 参数的条形图

3.3　内置面积图

面积图是基于折线图的。轴和线之间的区域通常用颜色、纹理和阴影来强调。通常，人们会使用面积图来比较两个或多个数量。在 Streamlit 库中可使用内置 st.area_chart()方法绘制面积图，具体的使用说明如下：

```
st.area_chart(data=None, *, x=None, y=None, width=0, height=0,
use_container_width=True)
```

（1）data：需要绘制的数据。该参数的数据类型与数据框展示元素 st.dataframe()方法的 data 参数类似。

（2）x：设置图表的 x 轴。该参数的数据类型为字符串型类型或者 None。如果为 None，则使用 data 参数的索引作为 x 轴，如果为字符串类型，则必须为 data 参数某一列的列名。该参数只能通过关键字设置，默认为 None。

（3）y：设置图表的 y 轴。该参数的数据类型为字符串型类型、None 或者多个字符串组成的列表。如果为多个字符串组成的列表，则每个字符串必须是 data 参数的某个列名，图表将只显示这些列对应的数据。如果为字符串类型，则必须为 data 参数某一列的列名，图表将只显示该列的数据。如果为 None，则将显示所有列的数据。该参数只能通过关键字设置，默认为 None。

（4）width：图表宽度（以像素为单位）。如果为 0，则自动选择宽度。该参数只能通过关键字设置，默认为 0。该参数的优先级低于 use_container_width，如果要使 width 参数生效，则需要先将 use_container_width 指定为 False。

（5）height：图表高度（以像素为单位）。如果为 0，则自动选择高度。该参数只能通过关键字设置，默认为 0。该参数的优先级低于 use_container_width，如果要使 height 参数生效，则需要先将 use_container_width 指定为 False。

（6）use_container_width：是否将图表的宽度设置为父容器的宽度。默认值为 True，与父容器的宽度相同。该参数的优先级高于上面的 width 和 height。

新建一个名为 area_chart.py 的 Python 文件，整体的思路是先构建要绘制面积图的数据，然后逐个设置上面的参数，体会不同参数的作用。先创建数据框所需的数据字典，然后修改数据框的索引，接着使用 st.write()方法展示数据框，接着通过设置 x 参数将"月份"列指定为 x 轴，然后绘制第 1 个面积图，再将该数据框的索引修改为"月份"列，接着分别设置不同的 y 参数，绘制第 2 个和第 3 个面积图。最后设置 width、height 和 use_container_width 参数，绘制第 4 个面积图。整个文件中的代码如下：

```python
#第3章/area_chart.py
import streamlit as st
import pandas as pd

# 定义数据,以便创建数据框
data = {
    '月份':['01 月', '02 月', '03 月'],
    '1 号门店':[200, 150, 180],
    '2 号门店':[120, 160, 123],
    '3 号门店':[110, 100, 160],
}
# 根据上面创建的 data,创建数据框
df = pd.DataFrame(data)
# 定义数据框所用的新索引
index = pd.Series([1, 2, 3,], name='序号')
# 将新索引应用到数据框上
df.index = index

st.header("门店数据")
# 使用 write()方法展示数据框
st.write(df)
st.header("面积图")

st.subheader("设置 x 参数")
# 通过 x 指定月份所在这一列为面积图的 x 轴
st.area_chart(df, x='月份')

# 修改 df,用月份列作为 df 的索引,替换原有的索引
df.set_index('月份', inplace=True)

st.subheader("设置 y 参数")
```

```
# 通过 y 参数筛选只显示 1 号门店的数据
st.area_chart(df, y='1 号门店')
# 通过 y 参数筛选只显示 2、3 号门店的数据
st.area_chart(df, y=['2 号门店','3 号门店'])

st.subheader("设置 width、height 和 use_container_width 参数")
# 通过 width、height 和 use_container_width 指定面积图的宽度和高度
st.area_chart(df, width=300, height=300, use_container_width=False)
```

由于上面 Python 文件构建的展示面积图的 Web 应用内容较多，一个截图很难展示所有的信息，所以笔者将该 Web 应用的内容分成多个截图进行说明和解释。

需要绘制面积图的数据框，如图 3-9 所示。

门店数据

序号	月份	1号门店	2号门店	3号门店
1	01月	200	120	110
2	02月	150	160	100
3	03月	180	123	160

图 3-9　需要绘制面积图的数据框

设置 x 参数的面积图，如图 3-10 所示。

面积图

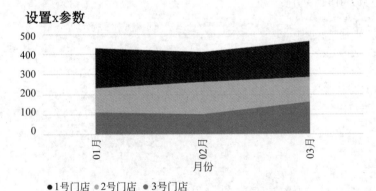

图 3-10　设置 x 参数的面积图

设置 y 参数的面积图，如图 3-11 所示。

设置 width、height 和 use_container_width 参数的面积图，如图 3-12 所示。

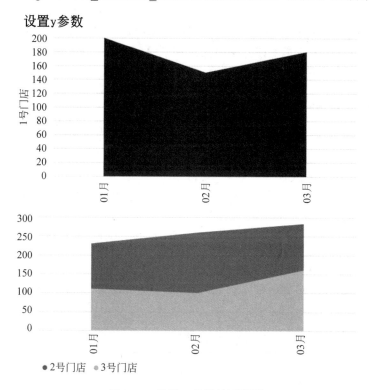

图 3-11 设置 y 参数的面积图

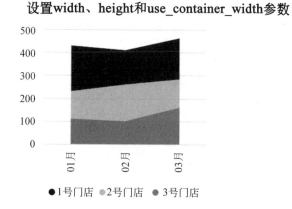

图 3-12 设置 width、height 和 use_container_width 参数的面积图

▷ 6min

3.4 内置带点的地图

Streamlit 库可以使用 st.map()方法绘制带点的地图，用于在地图上快速创建散点图，并具有自动居中和自动缩放功能。该方法内部封装了 st.pydeck_chart()方法，由 Mapbox 提供地图方面的信息，具体的使用说明如下：

```
st.map(data=None, zoom=None, use_container_width=True)
```

（1）data：需要绘制的数据。该参数必须有两列，其中纬度的列名称可以为 lat、latitude、LAT 或 LATITUDE，经度的列名称可以为 lon、longitude、LON 或 LONGITUDE。

（2）zoom：地图的缩放设置，默认为 None。

（3）use_container_width：是否将图表的宽度设置为父容器的宽度。默认值为 True，与父容器的宽度相同。

新建一个名为 map.py 的 Python 文件，整体的思路是先模拟需要绘制的北京市内的坐标点，然后使用 st.map()方法进行绘制。整个文件中的代码如下：

```
#第 3 章/map.py
import streamlit as st
import pandas as pd
import numpy as np

#生成北京市的随机点，其中 39.9 和 116.4 分别是北京的纬度和经度
#首先使用 np.random.randn()方法生成 1000 行 2 列的符合正态分布的随机点
#然后在第 1 列上除以 20 进行缩小，在第 2 列上除以 50 进行缩小，最后加上北京市的纬度和经度
df = pd.DataFrame(
    np.random.randn(1000, 2) / [20, 50] + [39.9, 116.4],
    columns=['latitude', 'longitude'])
#设置索引列的名称
df.index.name='序号'

st.subheader('展示部分需要绘制随机点的经纬度')
st.dataframe(df[1:5])

st.subheader('在北京地图上随机画点')
st.map(df)
```

效果如图 3-13 所示。

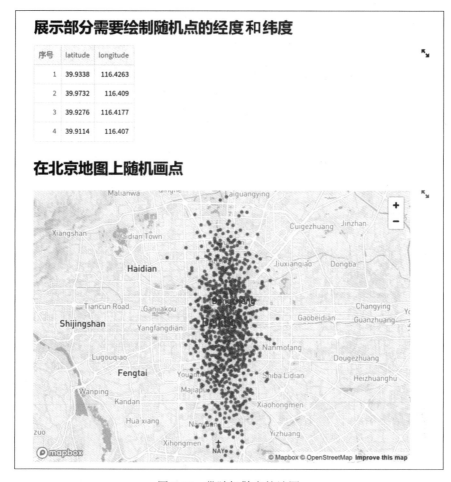

图 3-13　带随机散点的地图

3.5　展示 Graphviz 库图像

Graphviz 是一个开源的 Python 库，可以在其中创建具有节点和边的图形对象。节点和边的语言被称为 DOT（Graph Description Language）语言。 它可以用来创建各种类型的图示，包括有向图、无向图、有状态图、网络图、组织图、UML（Unified Modeling Language）图、流程图等。读者可以在启动 Anaconda Powershell Prompt 后运行下面的命令，安装 Graphviz 库。

```
pip install graphviz
```

Streamlit 库可以通过 st.graphviz_chart()方法显示 Graphviz 生成的图像。具体的使用说明如下：

```
st.graphviz_chart(figure_or_dot, use_container_width=False)
```

（1）figure_or_dot：需要显示的 Graphviz 图形对象或 DOT 语法的字符串。

（2）use_container_width：是否将图表的宽度设置为父容器的宽度。默认值为 False。

新建一个名为 graph.py 的 Python 文件，建立一个描述机器学习大致流程的 Web 应用。首先通过 Graphviz 图形对象展示流程图，然后通过 DOT 语法展示相同的流程图。整个文件中的代码如下：

```
#第3章/graph.py
import streamlit as st
import graphviz

#创建一个有向图对象
graph = graphviz.Digraph()
#添加节点
graph.node("训练数据")
graph.node("机器学习的算法")
graph.node("模型")
graph.node("结果预测")
graph.node("新的数据")
#添加箭头
graph.edge("训练数据", "机器学习的算法")
graph.edge("机器学习的算法", "模型")
graph.edge("模型", "结果预测")
graph.edge("新的数据", "模型")

st.subheader("通过 Graphviz 对象展示流程图")
st.graphviz_chart(graph)

st.subheader("通过 DOT 语法展示流程图")
st.graphviz_chart('''
    digraph {
        "训练数据" -> "机器学习的算法"
        "机器学习的算法" -> "模型"
        "模型" -> "结果预测"
        "新的数据" -> "模型"
    }
''')
```

读者可能对其中的代码不太理解，这没有关系。读者只需对 st.graphviz_chart()方法的用法进行了解就可以了。对于 Graphviz 库的使用可以在 https://graphviz.readthedocs.io/en/stable/index.html 这个链接进行学习，而对于 DOT 语法则可以在 https://graphviz.org/doc/info/lang.html 这个链接进行学习。整个 Web 应用效果如图 3-14 所示。

通过Graphviz对象展示流程图

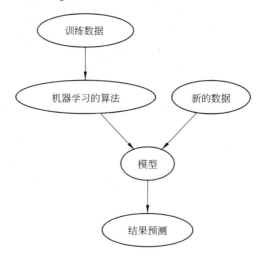

通过DOT语法展示流程图

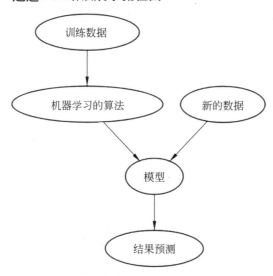

图 3-14　st.graphviz_chart()方法展示流程图

3.6　展示 Matplotlib 库图像

21min

　　Matplotlib 是一个著名的可视化数据的 Python 库。它可以用于绘制图形、绘制线条、绘制散点图、绘制条形图等。它提供了一系列可以进行数据可视化的函数和类，使用户可以方便地创建各种类型的图形。它的设计灵活，可以通过调整各种参数来创建出满足需求的图形。它提供类似 MATLAB 的接口。

　　Streamlit 库可以通过 st.pyplot ()方法显示 Matplotlib 生成的图像。具体的使用说明如下：

```
st.pyplot(fig=None, clear_figure=None, use_container_width=True, **kwargs)
```

（1）fig：要绘制的 Matplotlib 图形。

（2）clear_figure：是否渲染后清除当前 figure 对象。如果设置为 True，则会清除当前
figure 对象，以释放内存。默认为 False，会保留图像，以便稍后再次显示；默认为 None，
则 Streamlit 会自动决定是否清除图表对象。

（3）use_container_width：是否将图表的宽度设置为父容器的宽度。默认值为 True，与
父容器的宽度相同。

（4）kwargs：可传递给 Matplotlib figure 的参数，例如图像分辨率 dpi 设置。

3.6.1　折线图

新建一个名为 matplotlib_line_chart.py 的 Python 文件，建立一个展示 Matplotlib 折线图
的 Web 应用。该图表用于展示各个门店的销售额信息。整个文件中的代码如下：

```
#第 3 章/matplotlib_line_chart.py
import streamlit as st
import matplotlib.pyplot as plt

#设置在 Matplotlib 中能显示中文的字体，如 SimHei 字体
plt.rcParams['font.family'] = ['SimHei']
#构建 3 个门店每个月的销售数据
store1 = [100, 120, 158, 135, 147]
store2 = [90, 105, 125, 145, 130]
store3 = [105, 115, 150, 170, 165]

months = ['1 月', '2 月', '3 月', '4 月', '5 月']
#绘制图表
fig, ax = plt.subplots()
#画 1 号门店的线，数据点的形状为圆点
ax.plot(months, store1, marker='o', label='1 号门店')
#画 2 号门店的线，数据点的形状为方块
ax.plot(months, store2, marker='s',label='2 号门店')
#画 3 号门店的线，数据点的形状为三角形
ax.plot(months, store3, marker='^',label='3 号门店')

#设置标题和坐标轴标签
ax.set_ylabel('销售额')
ax.set_title('各门店销售额折线图')

#设置 x 轴标签倾斜
plt.xticks(rotation=45)
#绘制图例
```

```
ax.legend()

st.subheader('展示 Matplotlib 折线图')
#显示 matplotlib 图表，并设置分辨率
st.pyplot(fig, dpi=300)
```

上面代码的注释很详细，读者应该可以了解到每步的含义。整个 Web 应用的效果如图 3-15 所示。

展示Matplotlib折线图

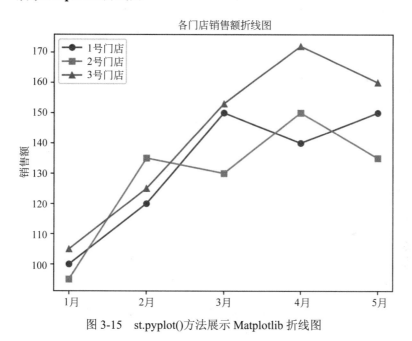

图 3-15　st.pyplot()方法展示 Matplotlib 折线图

3.6.2　条形图

新建一个名为 matplotlib_bar_chart.py 的 Python 文件，建立一个展示 Matplotlib 条形图的 Web 应用。该图表用于展示水果供应方面的信息。整个文件中的代码如下：

```
#第 3 章/matplotlib_bar_chart.py
import streamlit as st
import matplotlib.pyplot as plt

#设置在 Matplotlib 中能显示中文的字体，如 SimHei 字体
plt.rcParams['font.family'] = ['SimHei']

fig, ax = plt.subplots()
#设置 x 轴标签
```

```
fruits = ['苹果', '蓝莓', '樱桃', '橙子']
#设置 y 轴的数量
counts = [40, 100, 30, 55]
#设置右上方水果颜色对应图例
bar_labels = ['红色', '蓝色', '_红色', '橙色']
bar_colors = ['tab:red', 'tab:blue', 'tab:red', 'tab:orange']
#生成条形图
ax.bar(fruits, counts, label=bar_labels, color=bar_colors)
#设置 y 轴标签
ax.set_ylabel('水果供应量')
#设置图表标题
ax.set_title('水果供应按品种和颜色分类')
#设置图例标题
ax.legend(title='水果颜色对应')


st.subheader('展示 Matplotlib 条形图')
#显示 matplotlib 图表，并设置分辨率
st.pyplot(fig, dpi=300)
```

上面代码的注释很详细，读者应该可以了解到每步的含义。整个 Web 应用的效果如图 3-16 所示。

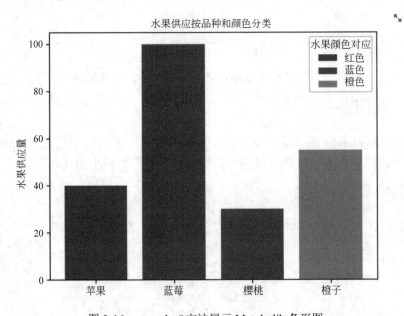

图 3-16　st.pyplot()方法展示 Matplotlib 条形图

3.6.3 面积图

新建一个名为 matplotlib_area_chart.py 的 Python 文件，建立一个展示 Matplotlib 面积图的 Web 应用。该图表用于展示各个门店的销售额信息。整个文件中的代码如下：

```python
#第3章/matplotlib_area_chart.py
import streamlit as st
import matplotlib.pyplot as plt

#设置在 Matplotlib 中能显示中文的字体，如 SimHei 字体
plt.rcParams['font.family'] = ['SimHei']
#构建 3 个门店每个月的销售数据
store1 = [50, 70, 80, 90, 70]
store2 = [35, 60, 90, 95, 80]
store3 = [25, 40, 70, 50, 60]

months = ['1 月', '2 月', '3 月', '4 月', '5 月']
#绘制图表
fig, ax = plt.subplots()
#画 1 号门店的面积
ax.fill_between(months, store1, 0, facecolor='r',alpha=0.3, label='1 号门店')
#画 2 号门店的面积
ax.fill_between(months, store2, 0,facecolor='b',alpha=0.3, label='2 号门店')
#画 3 号门店的面积
ax.fill_between(months, store3, 0, facecolor='g', alpha=0.3,label='3 号门店')

#设置标题和坐标轴标签
ax.set_ylabel('销售额')
ax.set_title('各门店销售额面积图')

#绘制图例在左上角
ax.legend(loc='upper left')

st.subheader('展示 Matplotlib 面积图')
#显示 matplotlib 图表，并设置分辨率
st.pyplot(fig, dpi=300)
```

上面代码的注释很详细，读者应该可以了解到每步的含义。整个 Web 应用的效果如图 3-17 所示。

如果读者想继续学习 Matplotlib 库，则可以在它的官网 https://matplotlib.org/ 进行学习。

      ⌁ **展示Matplotlib面积图**

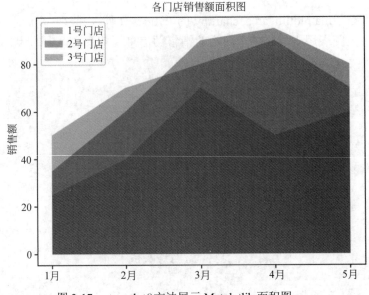

图 3-17　st.pyplot()方法展示 Matplotlib 面积图

3.7　展示 Seaborn 库图像

    Seaborn 是一个开源的基于 Matplotlib 库的 Python 数据可视化库。它提供了一个高级接口，用于绘制有吸引力且信息丰富的统计图形。它可以与 Pandas 库中的数据结构紧密集成。Seaborn 的绘图函数对包含整个数据集的数据框和数组进行操作，并在内部执行必要的语义映射和统计聚合以生成信息丰富的绘图。

    由于 Seaborn 库中绘制图表的函数的内部都是调用 Matplotlib 的 API 来绘制图像的，所以可以通过 st.pyplot()方法显示 Seaborn 生成的图像。

    新建一个名为 seaborn_chart.py 的 Python 文件，建立一个模拟掷骰子并统计对应点数的 Web 应用。首先通过 NumPy 模拟掷骰子 1000 次，然后根据模拟的数据创建数据框，接着使用 Seaborn 库绘制频数统计图，最后使用 st.pyplot()方法展示图像。整个文件中的代码如下：

```
#第3章/seaborn_chart.py
import numpy as np
import seaborn as sns
import streamlit as st
import matplotlib.pyplot as plt
import pandas as pd


#使用 NumPy 模拟掷骰子 1000 次
data = np.random.randint(1, 7, size=1000)
```

```
#利用模拟的数据，创建一个数据框，并指定列名
df = pd.DataFrame(data, columns=['点数'])
#设置索引列的列名
df.index.name = '索引号'

st.subheader('展示部分模拟数据')
#使用 write()函数展示数据框
st.write(df.head())
#获取 figure 对象
fig = plt.gcf()
#设置默认主题并设置字体，以便显示中文
sns.set_theme(style='darkgrid', font='SimHei')

#用 Seaborn 生成频数图
sns.countplot(data=df, x='点数', width=0.5)

st.subheader('展示 Seaborn 绘制的频数图')
#使用 Streamlit 展示 figure
st.pyplot(fig)
```

整个 Web 应用的效果如图 3-18 所示。

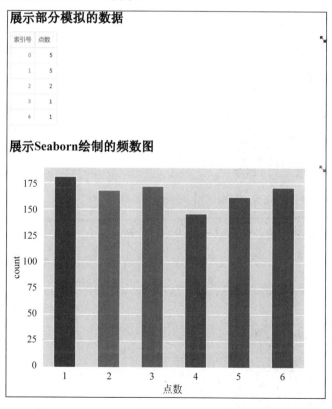

图 3-18　st.pyplot()方法展示 Seaborn 绘制的频数图

如果读者想继续学习 Seaborn 库，则可以在它的官网 https://seaborn.pydata.org/进行学习。

3.8　展示 Vega-Altair 库图像

Vega-Altair 是 Python 的声明式统计可视化库。借助 Vega-Altair 库，可以花更多时间理解数据及其含义。Vega-Altair 的 API 简单、友好且一致，建立在强大的 Vega-Lite JSON 规范之上。这种优雅的简单性可以用最少的代码达到有效的可视化效果。

Streamlit 库可以通过 st.altair_chart()方法显示 Vega-Altair 库生成的图像。具体的使用说明如下：

```
st.altair_chart(altair_chart, use_container_width=False, theme="streamlit")
```

（1）altair_chart：需要显示的 Altair 图形对象。

（2）use_container_width：是否将图表的宽度设置为父容器的宽度。默认值为 False。

（3）theme：图表的主题。目前仅支持 Streamlit 库自定义设计的 streamlit 主题，或者为 None，设置为 Vega-Altair 库的原本样式。

3.8.1　折线图

新建一个名为 altair_line_chart.py 的 Python 文件，建立一个绘制正弦函数图像的 Web 应用。首先通过 NumPy 库和 Pandas 库生成图形所需要的数据，然后通过 Vega-Altair 创建折线图，最后通过 Streamlit 库展示折线图。整个文件中的代码如下：

```python
#第3章/altair_line_chart.py
import streamlit as st
import altair as alt
import numpy as np
import pandas as pd

#生成0~100(不包括100)均匀间隔的数字数组，默认间隔为1
x = np.arange(100)
#生成 x 和 f(x)的数据，并转换为 Altair 所需的数据框类型
source = pd.DataFrame({
  'x': x,
  'f(x)': np.sin(x / 5)
})
#给索引列加个名称
source.index.name = '索引号'
st.subheader('部分数据框展示')
st.write(source.head())

#创建折线图对象
line_chart = alt.Chart(source).mark_line().encode(
```

```
        x='x',
        y='f(x)'
)
st.subheader('展示 Altair 折线图')
#展示 Altair 热力图，并将主题指定为原本 Altair 的样式，而非"Streamlit"的主题
st.altair_chart(line_chart, theme=None)
```

整个 Web 应用的效果如图 3-19 所示。

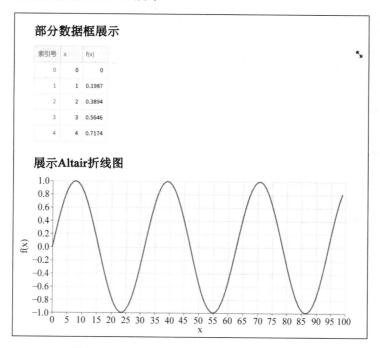

图 3-19　st.altair_chart()方法展示 Altair 折线图

3.8.2　热力图

新建一个名为 altair_heatmap.py 的 Python 文件，建立一个绘制热力图的 Web 应用。首先通过 NumPy 库和 Pandas 库生成图形所需要的数据，然后通过 Vega-Altair 创建热力图，最后通过 Streamlit 库展示热力图。整个文件中的代码如下：

```
#第 3 章/altair_heatmap.py
import streamlit as st
import altair as alt
import numpy as np
import pandas as pd

#利用两个一维数组生成二维网格点
x, y = np.meshgrid(range(-5, 5), range(-5, 5))
```

```
#z 为一个二维数组，其中 z[i, j]的值为 x[i, j]的平方加上 y[i,j]的平方
z = x ** 2 + y ** 2

#将此网格点的数据转换为 Altair 所需的数据框类型
source = pd.DataFrame({'x': x.ravel(),
                       'y': y.ravel(),
                       'z': z.ravel()})

#给索引列加个名称
source.index.name = '索引号'
st.subheader('部分数据框展示')
st.write(source.head())
#创建热力图对象
heatmap = alt.Chart(source).mark_rect().encode(
    x='x:O',
    y='y:O',
    color='z:Q'
)
st.subheader('展示 Altair 热力图')
#展示 Altair 热力图，并将主题指定为原本 Altair 的样式，而非"Streamlit"的主题
st.altair_chart(heatmap, theme=None)
```

整个 Web 应用的效果如图 3-20 所示。

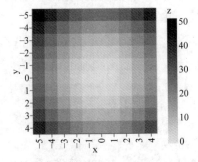

图 3-20　st.altair_chart()方法展示 Altair 热力图

10min

3.9 展示 Plotly 库图像

Plotly 库是基于 Plotly JavaScript 库之上的一个交互式开源绘图库，支持 40 多种独特的图表类型，涵盖广泛的统计、金融、地理、科学和三维图表。用户可以创建基于 Web 的精美交互式可视化图像，这些可视化图像可以在 Jupyter Notebook 中展示，可以保存到独立的 HTML 文件中，也可以在 Dash 库或 Streamlit 库的纯 Python 代码构建的 Web 应用程序中展示。

Streamlit 库可以通过 st.plotly_chart()方法显示 Plotly 库生成的图像。具体的使用说明如下：

```
st.plotly_chart(figure_or_data, use_container_width=False, sharing=
"streamlit", theme="streamlit", **kwargs)
```

（1）figure_or_data：需要显示的 Plotly 图形对象。

（2）use_container_width：是否将图表的宽度设置为父容器的宽度。默认值为 False。

（3）sharing：图表的共享设置。默认值是 streamlit，表示将图表嵌入 Streamlit 应用程序中，使其与应用程序一起共享。通常不需要特意设置该参数。

（4）theme：图表的主题。目前仅支持 Streamlit 库自定义设计的 streamlit 主题，或者为 None，设置为 Plotly 库的原本样式。

（5）kwargs：其他关键字参数不常用。传递给 Plotly 库的 plot()函数的关键参数。

新建一个名为 plotly_chart.py 的 Python 文件，建立一个展示具有交互功能的直方图的 Web 应用。首先通过 NumPy 生成 4 组不同均值的正态分布的数据，然后指定它们的组名和各自的组距，紧接着使用 Plotly 库生成直方图对象，最后使用 st.plotly_chart()方法展示图像。整个文件中的代码如下：

```
#第3章/plotly_chart.py
import streamlit as st
import numpy as np
import plotly.figure_factory as ff

#创建直方图所用的数据
x1 = np.random.randn(200) - 2
x2 = np.random.randn(200)
x3 = np.random.randn(200) + 2
x4 = np.random.randn(200) + 4

#将数据组合到一个列表中
hist_data = [x1, x2, x3, x4]
#每组的名称
group_labels = ['第1组', '第2组', '第3组', '第4组']
#指定对应每个组的组距
bin_size = [.1, .25, .5, .75]
```

```
#根据上方的数据，创建直方图
fig = ff.create_distplot(hist_data, group_labels, bin_size=bin_size)

st.subheader('展示 Plotly 直方图')
#使用 streamlit 绘制出直方图
st.plotly_chart(fig)
```

整个 Web 应用的效果如图 3-21 所示。

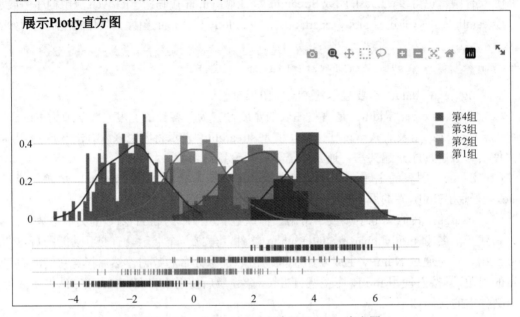

图 3-21　st.plotly_chart()方法展示 Plotly 直方图

读者可以看到 Plotly 图表的右上方有很多工具图标，其中包含下载为图片、拖动、选择、放大、缩小等功能，可以自行尝试使用。如果读者想继续学习 Plotly 库，则可以在它的官网 https://plotly.com/python/进行学习。

3.10　展示 Bokeh 库图像

与 Plotly 库类似，Bokeh 是一个开源 Python 库，用于为现代 Web 浏览器创建交互式可视化图像。它可以帮助用户构建漂亮的图形，既可以绘制简单的图表，也可以构建实时数据集的复杂仪表板。借助 Bokeh，用户可以创建由 JavaScript 驱动的可视化图像，而无须自己编写任何 JavaScript 代码。

Streamlit 库可以通过 st.bokeh_chart()方法显示 Bokeh 库生成的图像。具体的使用说明如下：

```
st.bokeh_chart(figure, use_container_width=False)
```

（1）figure_or_data：需要显示的 Bokeh 图形对象。

（2）use_container_width：是否将图表的宽度设置为父容器的宽度。默认值为 False。

新建一个名为 bokeh_chart.py 的 Python 文件，建立一个展示具有交互功能的波线图表的 Web 应用。首先通过 NumPy 生成 x 轴数据，然后通过相关函数计算 y 轴的数据，紧接着使用 Bokeh 库生成图像对象，最后使用 st.bokeh_chart()方法展示图像。整个文件中的代码如下：

```python
#第3章/bokeh_chart.py
import streamlit as st
import numpy as np
from bokeh.plotting import figure

#生成 x 轴数据，使用 np.linspace()函数生成-6 到 6 之间 500 个均匀分布的数值
x = np.linspace(-6, 6, 500)
#计算对应的 y 轴坐标，作为一个波形
y = 8*np.sin(x)*np.sinc(x)
#定义一个 Bokeh 的 figure 对象，将宽和高分别设为 800 和 300 像素
#设置横纵比相符，防止变形
p = figure(width=800, height=300, match_aspect=True)
#绘制线条
p.line(x, y, color="navy", alpha=0.4, line_width=4)
#设置背景颜色
p.background_fill_color = "#efefef"
#设置坐标轴
p.xaxis.fixed_location = 0
p.yaxis.fixed_location = 0

st.subheader('展示 Bokeh 图表')
#使用 Streamlit 展示 Bokeh 图表
st.bokeh_chart(p, use_container_width=True)
```

整个 Web 应用的效果如图 3-22 所示。

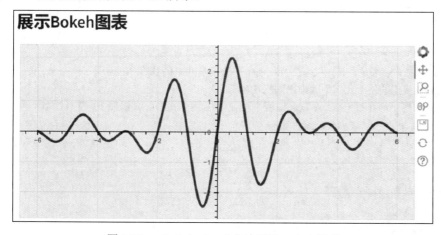

图 3-22　st.bokeh_chart()方法展示 Bokeh 图表

　　读者可以看到 Bokeh 图表的右上方也有很多工具图标，其中包含拖动、选择放大、是否启动滚动缩放、下载为图片、复原等功能，可以自行尝试使用。如果读者想继续学习 Bokeh 库，则可以在它的官网 https://docs.bokeh.org/en/latest/index.html 进行学习。

3.11　展示 Pydeck 库图像

8min

　　Pydeck 库是一个用来在二维或三维地图中可视化数据点的开源库。它用来渲染大型数据集，如激光雷达（Light Detection And Ranging，LiDAR）点云或 GPS 数据点。它可以对数据点进行大规模更新，如绘制运动的点。它也可以制作美丽的地图。在它的内部是通过调用 Deck.gl JavaScript 框架来完成绘制的。它可以很好地与 Pandas 库、Jupyter Notebook 一起工作。

　　Streamlit 库可以通过 st.pydeck_chart() 方法显示 Pydeck 库生成的图像。具体的使用说明如下：

```
st.pydeck_chart(pydeck_obj=None, use_container_width=False)
```

（1）pydeck_obj：需要显示的 Pydeck 图形对象。

（2）use_container_width：是否将图表的宽度设置为父容器的宽度。默认值为 False。

　　新建一个名为 pydeck_chart_plot.py 的 Python 文件，建立一个呈现出北京市 1000 个随机点在三维地图分布情况的 Web 应用。首先通过 NumPy 和 Pandas 生成随机数据，接着定义地图的初始视图状态，然后定义一个六边形图层和一个散点图层，再创建一个 Deck 对象，附加上述两个图层，最后使用 st.pydeck_chart() 方法将 Deck 对象嵌入 Streamlit 应用中。整个文件中的代码如下：

```
#第3章/pydeck_chart_plot.py
import streamlit as st
import pandas as pd
import numpy as np
import pydeck as pdk


#生成北京市的随机点，其中39.9和116.4分别是北京的纬度和经度
#该数据集模拟的是1000个二维平面上的坐标点
#其中：纬度平均在39.9°左右，经度平均在116.4°左右，并除以50进行缩放
chart_data = pd.DataFrame(
    np.random.randn(1000, 2) / [50, 50] + [39.9, 116.4],
    columns=['lat', 'lon'])


#定义地图的初始视图状态
#具体来讲
#- pdk.ViewState()    用于创建一个ViewState对象
#- latitude=39.9      用于将初始视角的纬度指定为39.9°
```

```
#- longitude=116.4    用于将初始视角的经度指定为116.4°
#- zoom=11            用于将初始视图的缩放级别指定为11
#- pitch=50          用于将初始俯视角度指定为50°

initial_view_state = pdk.ViewState(
    latitude=39.9,
    longitude=116.4,
    zoom=11,
    pitch=50,
)
#定义一个名为`layer_hexagon`的图层对象
#使用`HexagonLayer`指定六边形图层类型
#HexagonLayer有以下属性
#- data=chart_data 用于指定数据源
#- get_position='[lon, lat]' 用于指定经纬度字段
#- radius=200   每个六边形的半径为200
#- elevation_scale=4   生成的六边形的海拔(高度)是数据密度的4倍
#- elevation_range=[0, 1000] 允许的海拔高度范围为0~1000
#- pickable=True 允许鼠标选择六边形
#- extruded=True 用三维方式渲染六边形

layer_hexagon = pdk.Layer(
    'HexagonLayer',
    data=chart_data,
    get_position='[lon, lat]',
    radius=200,
    elevation_scale=4,
    elevation_range=[0, 1000],
    pickable=True,
    extruded=True,
)


#定义一个名为`layer_Scatter`的图层对象
#将图层类型指定为`ScatterplotLayer`,即散点图层
#主要属性如下
#- data=chart_data   用于定义数据源
#- get_position='[lon, lat]' 用于指定数据中的经纬度字段
#- get_color='[200, 30, 0, 160]' 用于指定散点颜色
#- get_radius=200 用于将散点大小半径指定为200

layer_Scatter = pdk.Layer(
    'ScatterplotLayer',
    data=chart_data,
```

```
        get_position='[lon, lat]',
        get_color='[200, 30, 0, 160]',
        get_radius=200,
    )
#- pdk_chart 定义了一个 Pydeck 的 Deck 对象
#- 它不使用默认样式
#- 但是定义了一个初始视图状态
#- 并添加了两个不同类型的图层
#- 最终形成一个带六边形和散点的三维地图

pdk_chart = pdk.Deck(
    map_style=None,
    initial_view_state=initial_view_state,
    layers=[layer_hexagon, layer_Scatter]
)

st.subheader("展示 Pydeck 库的图像")
st.pydeck_chart(pdk_chart)
```

整个 Web 应用的效果如图 3-23 所示。

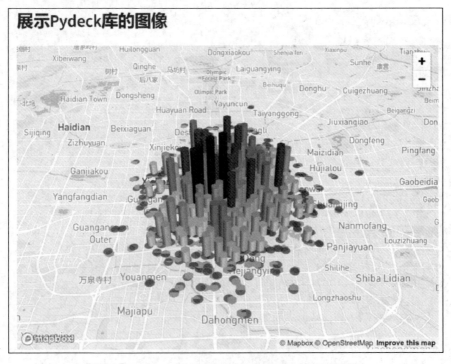

图 3-23　st.pydeck_chart()方法展示 Pydeck 库的图像

读者可以看到 Pydeck 地图的右上方有"+"和"−"号，可以通过单击进行放大和缩小，可以通过鼠标滚轮实现缩放功能，可以按住鼠标左键进行平行移动，也可以按住鼠标右键或者 Ctrl+鼠标左键进行视角变化。如果读者想继续学习 Pydeck 库，则可以在它的官网 https://pydeck.gl/index.html 进行学习。

第 4 章

多媒体展示元素

多媒体是指使用多种媒介（媒体）来提供信息内容。常见的多媒体主要包括图像、音频、视频等。在 Web 应用中展示多媒体，可以提高用户体验，在视觉和听觉上吸引用户，更鲜明地表现信息，弥补文字表达的不足，以便展现更加复杂的信息。另外，相对于文字，多媒体形式更易于在社交平台分享，如用户更愿意分享图像、视频等形式的内容，有助于提升 Web 应用的影响力和传播度。由于许多机器学习模型可以基于图像、音频或视频进行开发，所以 Streamlit 库在这方面也提供广泛的支持和功能，用 Streamlit 库展示多媒体元素是非常方便的，只需简单的几行代码便可以完成。

4.1 图像

多种 Python 的计算机视觉库对图像的操作可以使用 st.image() 方法展示图像，具体的使用说明如下：

```
st.image(image, caption=None, width=None, use_column_width=None, clamp=
False, channels="RGB", output_format="auto")
```

（1）image：需要展示图片或者图片列表。该参数可以是单色图片、彩色图片、RGBA 图片、图片的 URL、本地图片的路径或者 SVG XML 字符串等。该参数的数据类型为 BytesIO、numpy.ndarray 或其组成的列表、字符串或其组成的列表。

（2）caption：图片的说明文字。若 image 参数为列表，则该参数也应该为多张图片的说明文字。

（3）width：图片的宽度，默认为 None。如果是 SVG 图片，则需要指定宽度。该参数的优先级低于 use_column_width。

（4）use_column_width：该参数可以为 auto、always、never 或布尔值。如果为 auto，则将图像的宽度设置为其自然大小，但不要超过列容器的宽度。如果为 always 或 True，则将图像的宽度设置为列容器的宽度。如果为 never 或 False，则将图像的宽度设置为其自然大小。该参数的优先级高于 width 参数。

（5）clamp：是否将图片像素值限制在有效范围内（每个通道为 0～255），默认值为

False。这仅对字节数组图片有意义；对于图片 URL，该参数将被忽略。如果未设置此值，并且图像的值超出范围，则会抛出错误。

（6）channels：该参数可以为 BGR 或 RGB，默认为 RGB。如果 image 参数是 numpy.ndarray，则该参数表示用于表示颜色信息的格式。RGB 表示 image[:, :, 0]是红色通道，image[:, :, 1] 是绿色通道，image[:, :, 2] 是蓝色通道。对于来自 OpenCV 等库的图像，应该将其设置为 BGR。

（7）output_format：该参数可以为.jpg、.png 或 auto。该参数在传输图像数据时用于指定所使用的格式。照片应使用.jpg 格式进行有损压缩，而图表应使用 PNG 格式进行无损压缩，默认为 auto，它根据 image 参数的类型和格式确定压缩类型。

4.1.1　单个图像

新建一个名为 local_image.py 的 Python 文件，整体的思路是直接传入本地图片的路径，然后使用 st.image()方法进行展示。整个文件中的代码如下：

```python
import streamlit as st

st.text("直接传入本地图片的路径，然后使用 st.image()方法进行展示")
st.image("大熊猫图片.jpg", caption='可爱的大熊猫')
```

效果如图 4-1 所示。

图 4-1　st.image()展示本地图片

新建一个名为 url_image.py 的 Python 文件，整体的思路是直接传入本地图片的路径，然后使用 st.image()方法进行展示。整个文件中的代码如下：

```
import streamlit as st

st.text("传入 URL，然后使用 st.image()方法进行展示")
st.image("https://wangxhub.com/wp-content/uploads/2023/07/bird.jpg",
caption='小鸟')
```

效果如图 4-2 所示。

图 4-2　st.image()展示网络上的图片

新建一个名为 bytes_image.py 的 Python 文件，整体的思路是使用 open()函数读取为 BytesIO 类型，然后使用 st.image()方法进行展示。整个文件中的代码如下：

```
import streamlit as st

with open("大熊猫图片.jpg", "rb") as f:
    image_bytes = f.read()
st.text("使用 open()函数读取为 BytesIO，然后使用 st.image()方法进行展示")
st.image(image_bytes)
```

效果如图 4-3 所示。

图 4-3　st.image()展示 BytesIO 类型图片

4.1.2　多个图像

新建一个名为 multiple_image.py 的 Python 文件，整体的思路是直接传入多个本地图片的路径，然后使用 st.image()方法进行展示。整个文件中的代码如下：

```
import streamlit as st

images = ["鱼.jpg", "猫.jpg", "天鹅.jpg"]

st.subheader("展示多张图片")
st.image(images)
```

效果如图 4-4 所示。

图 4-4　st.image()展示多张图片

4.1.3　操作图像

读者可以在启动 Anaconda Powershell Prompt 后运行下面的命令，安装 Pillow 库。

```
pip install pillow
```

新建一个名为 crop_image.py 的 Python 文件，整体的思路是使用 Pillow 库读取图像，然后进行裁剪操作，最后使用 st.image()方法进行展示。整个文件中的代码如下：

```python
#第 4 章/crop_image.py
import streamlit as st
from PIL import Image

original_image = Image.open("狗.jpg")
#展示原始图像
st.title("原始图像")
st.image(original_image)
st.write('原始图片的图像大小：', original_image.size)
#裁剪图像
crop_image = original_image.crop((50, 50, 200, 200))
#展示裁剪后的图像
st.title("裁剪图像")
st.image(crop_image)
st.write('裁剪后的图像大小：', crop_image.size)
```

效果如图 4-5 所示。

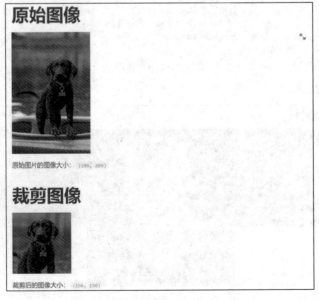

图 4-5　st.image()展示裁剪后的图片

4.2 音频

Streamlit 库可以使用 st.audio()方法展示音频播放器，具体的使用说明如下：

```
st.audio(data, format="audio/wav", start_time=0, *, sample_rate=None)
```

（1）data：需要播放的音频。支持多种方式传入，如本地路径、URL、原始音频数据等。

（2）format：音频文件的 MIME 类型，默认为 audio/wav。了解更多详细信息可以参阅 https://datatracker.ietf.org/doc/html/rfc4281 链接。

（3）start_time：设置音频播放的开始时间，默认为 0。

（4）sample_rate：音频数据的采样率（以每秒样本数为单位）。只有当 data 参数类型为 numpy.array 时，才需要设置该参数。

4.2.1 播放本地音频

新建一个名为 audio_mp3.py 的 Python 文件，整体的思路是使用 open 函数读取音频文件，然后使用 st.audio()方法展示播放器。整个文件中的代码如下：

```python
#第 4 章/audio_mp3.py
import streamlit as st

#读取本地的音频
audio_file = open('背景音乐.mp3', 'rb')
audio_bytes = audio_file.read()

st.subheader('播放本地音频')
st.audio(audio_bytes)
```

效果如图 4-6 所示。

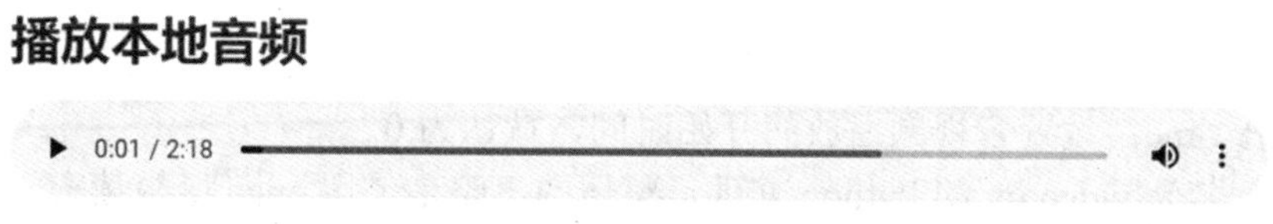

播放本地音频

▶ 0:01 / 2:18 ━━━━━━━━━━━━━━━━━ 🔊 ⋮

图 4-6 st.audio()播放本地音频

4.2.2 播放生成的音频

新建一个名为 audio_numpy.py 的 Python 文件，整体的思路是使用 NumPy 模块生成音频数据，然后使用 st.audio()方法展示播放器。整个文件中的代码如下：

```python
#第 4 章/audio_numpy.py
import streamlit as st
```

```python
import numpy as np

#参数设置
sample_rate = 44100
seconds = 3

#440Hz - A4 音符
f = 440
t= np.linspace(0, seconds, int(seconds*sample_rate), False)
tone = np.sin(f * t * 2 * np.pi)

st.subheader('播放生成的音频')
#播放音频
st.audio(tone, sample_rate=sample_rate)
```

效果如图4-7所示。

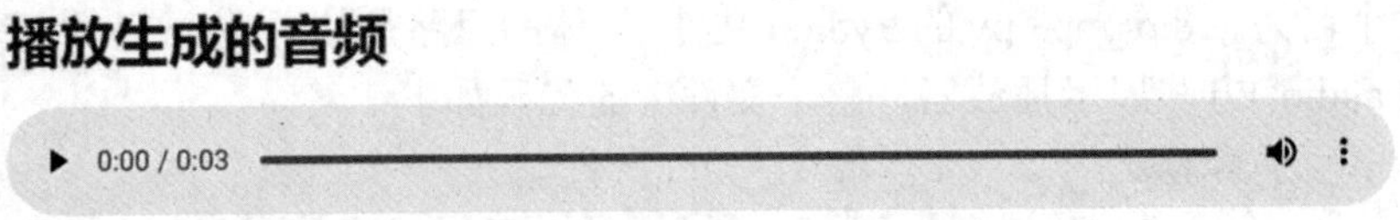

播放生成的音频

▶ 0:00 / 0:03　　　　　　　　　　　　　　🔊 ⋮

图 4-7　st.audio()播放生成的音频

4.3　视频

4min

Streamlit 库可以使用 st.video()方法展示视频播放器，具体的使用说明如下：

```python
st.video(data, format="video/mp4", start_time=0)
```

（1）data：需要播放的视频。支持多种方式传入，如本地路径、URL、原始视频数据等。

（2）format：视频文件的 MIME 类型，默认为 video/mp4。了解更多详细信息可以参阅 https://datatracker.ietf.org/doc/html/rfc4281 链接。

（3）start_time：设置音视频播放的开始时间，默认为 0。

新建一个名为 video.py 的 Python 文件，整体的思路是使用 open 函数读取视频文件，然后使用 st.video()方法展示视频播放器。整个文件中的代码如下：

```python
#第4章/video.py
import streamlit as st
#读取视频数据
video_file = open(小红花视频.mp4', 'rb')
video_bytes = video_file.read()

#显示视频
```

```
st.subheader("展示视频")
st.video(video_bytes)
```

效果如图 4-8 所示。

图 4-8　st.video()播放视频文件

4.4　表情符号

表情符号是一种迷你图标或图像，通常用于描述数字通信中的表达、感受或信息。随着互联网的发展，表情符号也经常出现在 Web 应用程序中。插入表情符号可以通过 ASCII 值和表情短代码两种方式实现。Streamlit 库基本上支持的表情符号的方法已经在前面章节讲解了。

新建一个名为 emoji.py 的 Python 文件，罗列支持表情符号的元素。整个文件中的代码如下：

```
#第4章/emoji.py
import streamlit as st

st.title("标题元素支持表情符号 :tada:")
st.header("章节元素支持表情符号 :apple:")
st.subheader("子章节元素支持表情符号，使用 ASCII 值插入\U0001F600")
st.code("代码块支持表情符号，使用 ASCII 值插入\U0001F602")
st.text("普通文本支持表情符号，使用 ASCII 值插入\U0001F601")
st.markdown("Markdown 支持表情符号 :smile:")
```

效果如图 4-9 所示。

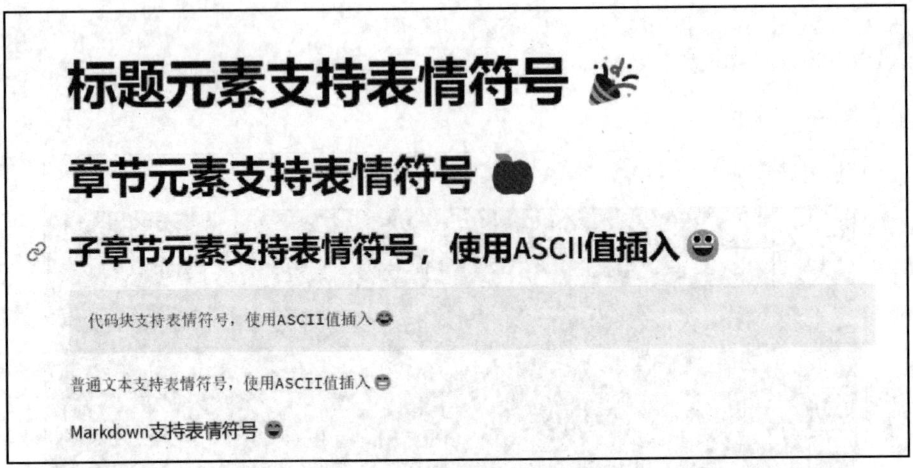

标题元素支持表情符号 🎉

章节元素支持表情符号 🍎

🔗 子章节元素支持表情符号，使用ASCII值插入 😀

代码块支持表情符号，使用ASCII值插入 😋

普通文本支持表情符号，使用ASCII值插入 😋

Markdown支持表情符号 😋

图 4-9　罗列支持表情符号的元素

用户输入类组件

用户输入类组件是指允许用户在 Web 应用界面上输入信息的各种组件，它们可以获取用户输入并传递给程序进行处理或显示。常见的有按钮类、文本输入类、日期输入类、数字输入类等。通过这些组件，用户可以与应用进行交互，执行相应的操作。利用好各种功能可以大大提升 Web 应用的可用性和用户的交互体验。Streamlit 库中提供了多种用户输入类组件，使用起来也非常简单和方便。

5.1 普通按钮

Streamlit 库可以使用 st.button()方法展示普通按钮，具体的使用说明如下：

8min

```
st.button(label, key=None, help=None, on_click=None, args=None, kwargs=None, *,
type="secondary", disabled=False, use_container_width=False)
```

（1）label：向用户解释此按钮用途的简短标签。该参数的类型为字符串类型，该参数支持部分 Markdown 语法，如粗体、斜体、删除线、内联代码和表情符号。

（2）key：用于生成唯一标记该组件的键，避免与同类组件混淆。该参数的类型为字符串、整型或 None，默认为 None，将自动生成。

（3）help：可选的工具提示。当鼠标经过按钮时将显示在按钮的上方，默认为 None，表示没有工具提示。

（4）on_click：设置单击该组件的回调函数或方法，默认为 None。

（5）args：传递给 on_click 参数对应回调函数或方法的位置参数元组，默认为 None。

（6）kwargs：传递给 on_click 参数对应回调函数或方法的关键字参数字典，默认为 None。

（7）type：可选参数，用于指定按钮类型的字符串。对于带有额外强调样式的按钮应该是 primary，对于普通样式的按钮应该是 secondary。该参数只能由关键字传入，默认为 secondary。

（8）disabled：是否将该组件设置为禁用状态，默认值为 False，是可用状态。

（9）use_container_width：是否将数据框的宽度设置为父容器的宽度。默认值为 False，不设置。

（10）返回值：如果在 Web 应用上次运行时单击了该按钮，则为 True，否则为 False。

新建一个名为 button_simple.py 的 Python 文件，整体的思路是先创建两个普通按钮，第 1 个按钮用于调用 st.button()方法，如果该按钮被单击，则会在页面上显示"按钮被单击了!"的文本。第 2 个按钮只是简单地调用 st.button()方法以创建一个按钮，没有绑定单击事件。整个文件中的代码如下：

```python
#第 5 章/button_simple.py
import streamlit as st

st.subheader("简单的普通按钮示例")
if st.button('单击这里'):
    st.write('按钮被单击了!')

st.button('另一个按钮')
```

初始化效果如图 5-1 所示。

当单击第 1 个按钮后，整个页面会刷新，紧接着会出现"按钮被单击了!"的字样。该 Web 应用所显示的内容如图 5-2 所示。

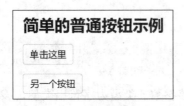

图 5-1　初始化状态

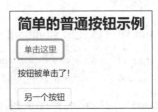

图 5-2　单击第 1 个按钮后的状态

然后单击第 2 个按钮，整个页面会再次刷新，紧接着"按钮被单击了!"的字样会消失，该 Web 应用所显示的内容如图 5-3 所示。

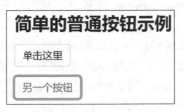

图 5-3　单击第 2 个按钮后的状态

读者可以结合代码理解一下，这两次单击及各自的结果。尤其是单击第 2 个按钮之后，字样会消失。这是因为第 2 个按钮虽然没有指定绑定回调事件，但是单击它也会刷新整个 Web 应用，而这一次因为单击的是第 2 个按钮，而不是第 1 个按钮，所以第 1 个按钮的返回值为 False，由此可知不会显示"按钮被单击了!"的字样。

5.2　单选按钮

单选按钮允许用户从多个互斥的选项中选择一个。在 Streamlit 中通过 st.radio()方法实现 ▶14min
单选按钮，具体的使用说明如下：

```
st.radio(label, options, index=0, format_func=special_internal_function,
key=None, help=None, on_change=None, args=None, kwargs=None, *, disabled=False,
horizontal=False, label_visibility="visible")
```

（1）label：向用户解释此按钮用途的简短标签。该参数的类型为字符串类型，该参数支持部分 Markdown 语法，如粗体、斜体、删除线、内联代码和表情符号。

（2）options：设置单选按钮的选项。该参数的类型为序列类型，如列表、numpy.ndarray、pandas.Series、pandas.DataFrame 或 pandas.Index 等，如果是 pandas.DataFrame 类型，则选择第 1 列。默认会将这些序列类型中的每个值转换成字符串类型。

（3）index：第 1 次渲染时，预选的选项的索引，默认为 0，即第 1 个选项会被预选。

（4）format_func：对选项进行格式化的函数。它接收原始选项作为参数，并输出该选项显示的标签。对整个方法的返回值没有任何影响，默认为 special_internal_function 函数，实际就是 str()函数。

（5）key：用于生成唯一标记该组件的键，避免与同类组件混淆。该参数的类型为字符串、整型或 None，默认为 None，将自动生成。

（6）help：可选的工具提示，显示在 label 参数文本的右侧，默认为 None，表示没有工具提示。

（7）on_change：设置该组件选项变化时的回调函数或方法，默认为 None。

（8）args：传递给 on_change 参数对应回调函数或方法的位置参数元组，默认为 None。

（9）kwargs：传递给 on_change 参数对应回调函数或方法的关键字参数字典，默认为 None。

（10）disabled：是否将该组件设置为禁用状态。默认值为 False，是可用状态。该参数只能通过关键字设置。

（11）horizontal：设置是否水平方向排列选项。默认值为 False，即垂直方向排列。该参数只能通过关键字设置。

（12）label_visibility：设置 label 参数的可见性。如果为 hidden，则标签不会显示，但小部件的上方仍然有空白空间（相当于 label=""）。如果为 collapsed，则标签和空间都会被删除。默认为 visible。该参数只能通过关键字设置。

（13）返回值：被选中的选项。

新建一个名为 radio.py 的 Python 文件，整体的思路是通过 3 个示例说明设置不同参数的效果。第 1 个示例设置自定义 format_func 函数，选项的显示将不同于原始选项，并且不会影响返回值。第 2 个示例设置 label_visibility 参数，label 参数不可见且不占位置。第 3 个示例设置 label_visibility 和 horizontal 参数，label 参数不可见但仍有位置，而且选项都是水平排列的。整个文件中的代码如下：

```python
#第5章/radio.py
import streamlit as st
#自定义一个名为 my_format_func 的函数
def my_format_func(option):
    return f'选{option}'


st.header('单选按钮示例')
st.subheader('示例1')
city = st.radio('选择你最喜爱的城市：', ['北京', '太原', '临汾'], format_func=
my_format_func)
#根据返回值的不同选择不同的特色回答
#同时应注意返回值不受自定义 my_format_func 函数的影响
if city == '北京':
    st.write('你最喜爱的城市是首都**北京**')
elif city == '太原':
    st.write('你最喜爱的城市是**太原**，它是山西的省会')
else:
    st.write('你最喜爱的城市是**临汾**，古时称"平阳"')

st.subheader('示例2')
size = st.radio(
    '选择尺码',
    ['S', 'M', 'L'],
    label_visibility='collapsed'
)
#没有特色回答，可直接使用 f-strings 的回答
st.write(f'你选择的是{size}号')

st.subheader('示例3')
st.write('选择午饭')
#将标签设置为"hidden"
#设置水平排列
lunch = st.radio(
    '你中午想吃什么？',
    ['馒头', '大米', '面条'],
    horizontal=True,
    label_visibility='hidden'
)
st.write(f'你选择的是吃{lunch}')
```

读者可以运行上面的代码，以便通过实际感受进行理解，初始效果如图5-4所示。

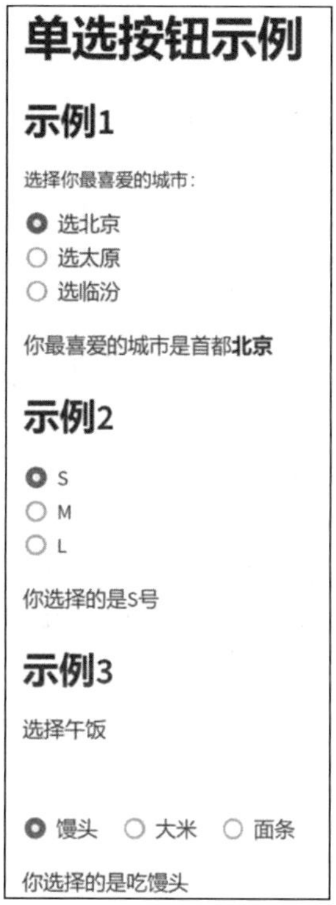

图 5-4　单选按钮示例

5.3　复选框

复选框用来实现"选中"和"取消选中"功能。在 Streamlit 中通过 st.checkbox()方法实现复选框，具体的使用说明如下：

```
st.checkbox(label, value=False, key=None, help=None, on_change=None, args=
None, kwargs=None, *, disabled=False, label_visibility="visible")
```

（1）label：向用户解释此复选框用途的简短标签。该参数的类型为字符串类型，该参数支持部分 Markdown 语法，如粗体、斜体、删除线、内联代码和表情符号。

（2）value：是否首次渲染时预选复选框。默认值为 False。

（3）key：用于生成唯一标记该组件的键，避免与同类组件混淆。该参数的类型为字符串、整型或 None，默认为 None，将自动生成。

（4）help：可选的工具提示，显示在 label 参数文本的右侧，默认为 None，表示没有工具提示。

（5）on_change：设置该组件选项变化时的回调函数或方法，默认为 None。

（6）args：传递给 on_change 参数对应回调函数或方法的位置参数元组，默认为 None。

（7）kwargs：传递给 on_change 参数对应回调函数或方法的关键字参数字典，默认为 None。

（8）disabled：是否将该组件设置为禁用状态。默认值为 False，是可用状态。该参数只能通过关键字设置。

（9）horizontal：设置是否水平方向排列选项。默认值为 False，即垂直方向排列。该参数只能通过关键字设置。

（10）label_visibility：设置 label 参数的可见性。如果为 hidden，则标签不会显示，但小部件上方仍然有空白空间（相当于 label=""）。如果为 collapsed，则标签和空间都会被删除。默认为 visible。该参数只能通过关键字设置。

（11）返回值：复选框是否被选中。

新建一个名为 checkbox.py 的 Python 文件，整体的思路是通过 3 个示例简单地介绍如何使用 st.checkbox()方法。第 1 个示例为询问用户是否同意我们的用户协议，第 2 个示例同时设置选中和未选中的结果，第 3 个示例询问用户的爱好并将"游泳"设置为预先选中状态。整个文件中的代码如下：

```python
#第 5 章/checkbox.py
import streamlit as st

st.header("复选框示例")
st.subheader("示例 1")
agree = st.checkbox('是否同意我们的用户协议')

if agree:
    st.write('是的，我同意')

st.subheader("示例 2")
result = st.checkbox('请勾选我')

if result:
    st.write('非常好！你勾选了')
else:
    st.write('快勾选上方的复选框')

st.subheader("示例 3")
st.write('选择你的爱好')
check_1 = st.checkbox('游泳', value=True)
check_2 = st.checkbox('唱歌')
check_3 = st.checkbox('看电影')
```

效果如图 5-5 所示。

图 5-5　复选框示例

5.4　下拉按钮

下拉按钮允许用户从下拉列表的多个选项中选择一个。在 Streamlit 中通过 st.selectbox() 方法实现下拉按钮，具体的使用说明如下：

```
st.selectbox(label, options, index=0, format_func=special_internal_function,
key=None, help=None, on_change=None, args=None, kwargs=None, *, disabled=False,
label_visibility="visible")
```

（1）label：向用户解释此按钮用途的简短标签。该参数的类型为字符串类型，该参数支持部分 Markdown 语法，如粗体、斜体、删除线、内联代码和表情符号。

（2）options：设置下拉按钮的选项。该参数的类型为序列类型，如列表、numpy.ndarray、pandas.Series、pandas.DataFrame 或 pandas.Index 等，如果是 pandas.DataFrame 类型，则选择第 1 列。默认会将这些序列类型中的每个值转换成字符串类型。

（3）index：第 1 次渲染时，预选的选项的索引，默认为 0，即第 1 个选项会被预选。

（4）format_func：对选项进行格式化的函数。它接收原始选项作为参数，并输出该选项显示的标签。对整个方法的返回值没有任何影响。默认为 special_internal_function 函数，实际就是 str() 函数。

（5）key：用于生成唯一标记该组件的键，避免与同类组件混淆。该参数的类型为字符串、整型或 None，默认为 None，将自动生成。

（6）help：可选的工具提示，显示在文本的右侧，默认为 None，表示没有工具提示。

（7）on_change：设置该组件选项变化时的回调函数或方法，默认为 None。

（8）args：传递给 on_change 参数对应回调函数或方法的位置参数元组，默认为 None。

（9）kwargs：传递给 on_change 参数对应回调函数或方法的关键字参数字典，默认为

None。

（10）disabled：是否将该组件设置为禁用状态。默认值为 False，是可用状态。该参数只能通过关键字设置。

（11）label_visibility：设置 label 参数的可见性。如果为 hidden，则标签不会显示，但小部件上方仍然有空白空间（相当于 label=""）。如果为 collapsed，则标签和空间都会被删除。默认为 visible。该参数只能通过关键字设置。

（12）返回值：被选中的选项。

新建一个名为 selectbox.py 的 Python 文件，整体的思路是通过 3 个示例说明设置不同参数的效果。第 1 个示例设置自定义 format_func 函数，选项的显示将不同于原始选项，在每个选项的后边增加"市"，并且不会影响返回值，然后将 index 参数设置为 2，第 1 次渲染的预选选项为临汾。第 2 个示例设置 label_visibility 参数，label 参数不可见且不占位置。第 3 个示例设置 label_visibility，label 参数不可见但仍有位置。整个文件中的代码如下：

```python
#第5章/selectbox.py
import streamlit as st
#自定义一个名为 my_format_func 的函数
def my_format_func(option):
    return f'{option}市'


st.header('下拉按钮示例')
st.subheader('示例1')
city = st.selectbox('选择你的故乡：', ['北京', '太原', '临汾'], format_func=
my_format_func, index=2)
#根据返回值的不同选择不同的特色回答
#同时应注意返回值不受自定义 my_format_func 函数的影响
if city == '北京':
    st.write('你的故乡是首都**北京**')
elif city == '太原':
    st.write('你的故乡是**太原**，它是山西的省会')
else:
    st.write('你的故乡是**临汾**，古时称"平阳"')


st.subheader('示例2')
size = st.selectbox(
    '选择尺码',
    ['S', 'M', 'L'],
    label_visibility='collapsed'
)
#没有特色回答，可直接使用 f-strings 的回答
st.write(f'你选择的是{size}号')
```

```
st.subheader('示例 3')
st.write('选择午饭')
#将标签设置为"hidden"
#设置水平排列
lunch = st.selectbox(
    '你中午想吃什么菜？',
    ['糖醋里脊', '北京烤鸭', '宫保鸡丁'],
    label_visibility='hidden'
)
st.write(f'你选择的是吃{lunch}')
```

效果如图 5-6 所示。

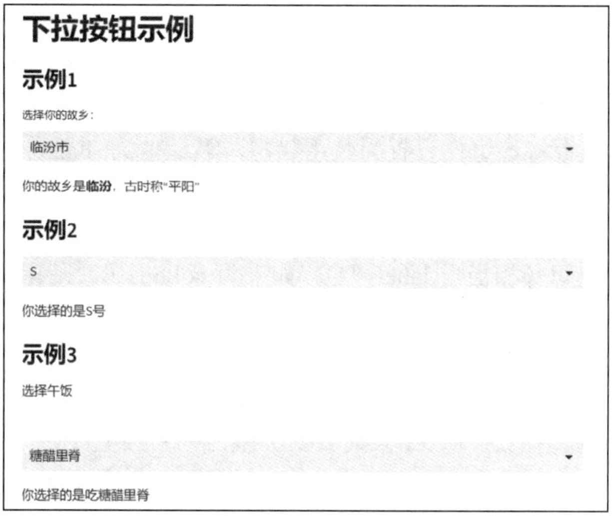

图 5-6　下拉按钮示例

5.5　多选下拉按钮

多选下拉按钮允许用户从下拉列表的多个选项中选择一个或多个。在 Streamlit 中可以通过 st.multiselect()方法实现多选下拉按钮，具体的使用说明如下：

```
st.multiselect(label, options, default=None, format_func=special_internal_
function, key=None, help=None, on_change=None, args=None, kwargs=None, *,
disabled=False, label_visibility="visible", max_selections=None)
```

（1）label：向用户解释此按钮用途的简短标签。该参数的类型为字符串类型，该参数支持部分 Markdown 语法，如粗体、斜体、删除线、内联代码和表情符号。

（2）options：设置多选下拉按钮的选项。该参数的类型为序列类型，如列表、numpy.ndarray、pandas.Series、pandas.DataFrame 或 pandas.Index 等，如果是 pandas.DataFrame 类

型,则选择第1列。默认会将这些序列类型中的每个值转换成字符串类型。

(3) default:设置默认选中的值,默认为None,无默认选中的值,可以是单个值,也可以是多个值组成的列表。

(4) format_func:对选项进行格式化的函数。它接收原始选项作为参数,并输出该选项显示的标签。对整个方法的返回值没有任何影响,默认为special_internal_function函数,实际就是str()函数。

(5) key:用于生成唯一标记该组件的键,避免与同类组件混淆。该参数的类型为字符串、整型或None,默认为None,将自动生成。

(6) help:可选的工具提示,显示在文本的右侧,默认为None,表示没有工具提示。

(7) on_change:设置该组件选项变化时的回调函数或方法,默认为None。

(8) args:传递给on_change参数对应回调函数或方法的位置参数元组,默认为None。

(9) kwargs:传递给on_change参数对应回调函数或方法的关键字参数字典,默认为None。

(10) disabled:是否将该组件设置为禁用状态。默认值为False,是可用状态。该参数只能通过关键字设置。

(11) label_visibility:设置label参数的可见性。如果为hidden,则标签不会显示,但小部件上方仍然有空白空间(相当于label="")。如果为collapsed,则标签和空间都会被删除。默认为visible。该参数只能通过关键字设置。

(12) max_selections:设置可选中的最大个数,默认为None,不限制最大选中个数。该参数只能通过关键字设置。

(13) 返回值:被选中的选项。结果的数据类型为列表类型。

新建一个名为multiselect.py的Python文件,整体的思路是通过3个示例说明设置不同参数的效果。第1个示例设置default参数,预选选中"北京"和"临汾",设置自定义my_format_func函数,选项的显示将不同于原始选项,在每个选项的后边增加"市",并且不会影响返回值。第2个示例设置max_selections参数,将可选中的最大个数设置为两个。第3个示例设置disabled参数,该多选下拉按钮为禁用状态。整个文件中的代码如下:

```python
#第5章/multiselect.py
import streamlit as st

st.header('多选下拉按钮示例')
st.subheader('示例1')
#自定义my_format_func函数
def my_format_func(option):
    return f'{option}市'


options_1 = st.multiselect(
    '选择你去过的城市',
```

```
    ['北京', '太原', '临汾', '南京', '杭州', '西安'],
    ['北京', '临汾'],
    format_func=my_format_func,
    )
st.write('你去过的城市是:', options_1)

st.subheader('示例2')
options_2 = st.multiselect(
    '选择你喜欢的颜色',
    ['红色', '绿色', '蓝色', '黑色', '粉色'],
    ['红色'],
    max_selections=2)
st.write('你喜欢的颜色是:', options_2)

st.subheader('示例3')
st.multiselect(
    '选择你喜欢的运动',
    ['游泳', '网球', '篮球'],
    ['游泳'],
    disabled=True)
```

读者可以运行代码，以便加强理解。效果如图 5-7 所示。

图 5-7　多选下拉按钮示例

10min

5.6　数值滑块组件

st.slider()方法用于在网页上创建滑块交互组件。它可以让用户通过拖动滑块来选择某个范围内的数值，具体的使用说明如下：

```
st.slider(label, min_value=None, max_value=None, value=None, step=None,
format=None, key=None, help=None, on_change=None, args=None, kwargs=None, *,
disabled=False, label_visibility="visible")
```

（1）label：向用户解释此按钮用途的简短标签。该参数的类型为字符串类型，该参数支持部分 Markdown 语法，如粗体、斜体、删除线、内联代码和表情符号。

（2）min_value：允许的最小值。根据 value 参数的类型的不同而变化。如果是整型，则默认为 0；如果是浮点型，则默认为 0.0；如果是 date 类型或者 datetime 类型，则默认为 value 参数减去 timedelta(days=14)；如果是 time 类型，则默认为 time.min。

（3）max_value：允许的最大值。根据 value 参数的类型的不同而变化。如果是整型，则默认为 100；如果是浮点型，则默认为 1.0；如果是 date 类型或者 datetime 类型，则默认为 value 参数加上 timedelta(days=14)；如果是 time 类型，则默认为 time.max。

（4）value：首次渲染时滑块的值。如果此处传递两个值的元组或列表，则会呈现具有这些下限和上限的范围滑块。例如，如果设置为(1,10)，则滑块的可选范围将在 1 到 10。若不设置，则默认为 min_value。

（5）step：滑块的步长。如果是整型，则默认为 1；如果是浮点型，则默认为 0.01；如果是 date 类型或者 datetime 类型，则默认为 timedelta(days=1)；如果是 time 类型或 max_value 减去 min_value 小于 1 天，则步长为 timedelta(minutes=15)。

（6）format：设置格式化显示。不会影响返回值。

（7）key：用于生成唯一标记该组件的键，避免与同类组件混淆。该参数的类型为字符串、整型或 None，默认为 None，将自动生成。

（8）help：可选的工具提示，显示在文本的右侧，默认为 None，表示没有工具提示。

（9）on_change：设置该组件选项变化时的回调函数或方法，默认为 None。

（10）args：传递给 on_change 参数对应回调函数或方法的位置参数元组，默认为 None。

（11）kwargs：传递给 on_change 参数对应回调函数或方法的关键字参数字典，默认为 None。

（12）disabled：是否将该组件设置为禁用状态。默认值为 False，是可用状态。该参数只能通过关键字设置。

（13）label_visibility：设置 label 参数的可见性。如果为 hidden，则标签不会显示，但小部件上方仍然有空白空间（相当于 label=""）。如果为 collapsed，则标签和空间都会被删除。默认为 visible。该参数只能通过关键字设置。

（14）返回值：被选中的选项。返回值的数据类型与 value 参数的类型一致。

新建一个名为slider.py 的 Python 文件，整体的思路是通过 4 个示例说明设置不同 value 参数的效果。整个文件中的代码如下：

```python
#第5章/slider.py
import streamlit as st
from datetime import datetime, time

st.subheader("示例 1")
age = st.slider('你今年多大', 0, 130, 25)
st.write("我今年 ", age, '岁了')

st.subheader("示例 2")
values = st.slider(
    '选择一组范围',
    0.0, 100.0, (25.0, 75.0))
st.write('你选择的范围是：', values)

st.subheader("示例 3")
appointment = st.slider(
    "选择会议的时间:",
    value=(time(10, 30), time(12, 45)))
st.write("会议的时间: ", appointment)

st.subheader("示例 4")
start_time = st.slider(
    "你什么时候开始上大学的",
    value=datetime(2021, 1, 1),
    format="YYYY 年 MM 月 DD 日")
st.write("开始时间日期: ", start_time.strftime("%Y 年%m 月%d 日"))
```

读者可以运行代码，以便加强理解。效果如图 5-8 所示。

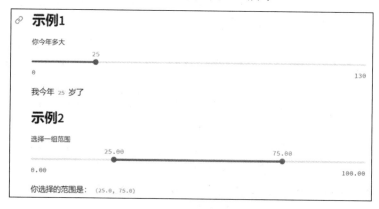

图 5-8　数值滑块组件示例

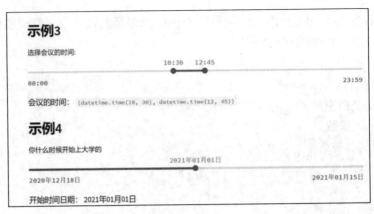

图　5-8（续）

5.7　范围选择滑块组件

st.select_slider()方法用于在网页上创建滑块和下拉选择框相结合的交互组件。它可以让用户通过拖动滑块在不同的选项范围中选择值，具体的使用说明如下：

```
st.select_slider(label, options=(), value=None, format_func=special_
internal_function, key=None, help=None, on_change=None, args=None, kwargs=None, *,
disabled=False, label_visibility="visible")
```

（1）label：向用户解释此按钮用途的简短标签。该参数的类型为字符串类型，该参数支持部分 Markdown 语法，如粗体、斜体、删除线、内联代码和表情符号。

（2）options：设置该滑块组件的选项。该参数的类型为序列类型，如列表、numpy.ndarray、pandas.Series、pandas.DataFrame 或 pandas.Index 等，如果是 pandas.DataFrame 类型，则选择第 1 列。使用时内部会将这些序列类型中的每个值转换为字符串类型。默认值为空元组。

（3）value：首次渲染时滑块的值。如果此处传递两个值的元组或列表，则会呈现具有这些下限和上限的范围滑块。例如，如果设置为(1,10)，则滑块的可选范围将在 1 到 10。若不设置，则默认为 options 参数的第 1 个值。

（4）format_func：对选项进行格式化的函数。它接收原始选项作为参数，并输出该选项显示的标签。对整个方法的返回值没有任何影响，默认为 special_internal_function 函数，实际就是 str()函数。

（5）key：用于生成唯一标记该组件的键，避免与同类组件混淆。该参数的类型为字符串、整型或 None，默认为 None，将自动生成。

（6）help：可选的工具提示，显示在文本的右侧，默认为 None，表示没有工具提示。

（7）on_change：设置该组件选项变化时的回调函数或方法，默认为 None。

（8）args：传递给 on_change 参数对应回调函数或方法的位置参数元组，默认为 None。

（9）kwargs：传递给 on_change 参数对应回调函数或方法的关键字参数字典，默认为

None。

（10）disabled：是否将该组件设置为禁用状态。默认值为 False，是可用状态。该参数只能通过关键字设置。

（11）label_visibility：设置 label 参数的可见性。如果为 hidden，则标签不会显示，但小部件上方仍然有空白空间（相当于 label=""）。如果为 collapsed，则标签和空间都会被删除。默认为 visible。该参数只能通过关键字设置。

（12）返回值：被选中的选项。返回值的数据类型与 value 参数的类型一致。

新建一个名为 select_slider.py 的 Python 文件，整体的思路是通过 3 个示例说明设置不同 value 参数的效果。第 1 个示例利用字典的特性，将水果名与对应的表情符号构成映射关系，使滑块结果展示得更加生动；第 2 个示例是为了说明范围选择滑块组件也可以像数值滑块组件一样工作；第 3 个示例展示当 value 为数组时，该组件的两端都可以滑动，返回值的数据类型与 value 参数一致，即都为元组。整个文件中的代码如下：

```python
#第5章/select_slider.py
import streamlit as st


st.subheader("示例1")
#水果名与表情符号对照的字典
fruit_dict = {
    '苹果': ':apple:',
    '香蕉': ':banana:',
    '柠檬': ':lemon:',
    '菠萝': ":pineapple:"
}
#选项为上边字典的键
options = fruit_dict.keys()

fruit = st.select_slider('选择一个水果', options=options)
st.write('你选择的水果是', fruit, fruit_dict[fruit])

st.subheader("示例2")
my_range = range(1, 21)

numbers = st.select_slider('选择你的心动值', options=my_range, value=5)
st.write('你选择了 %s 个心动' % numbers, numbers * ":hearts:")

st.subheader("示例3")
start_color, end_color = st.select_slider(
    '选择波长的颜色范围',
    options=['红色', '橙色', '黄色', '绿色', '蓝色', '靛色', '紫色'],
```

```
                value=('橙色', '蓝色'))
    st.write('你选择的波长介于', start_color, '和', end_color, '之间')
```

读者可以运行代码，以便加强理解。效果如图 5-9 所示。

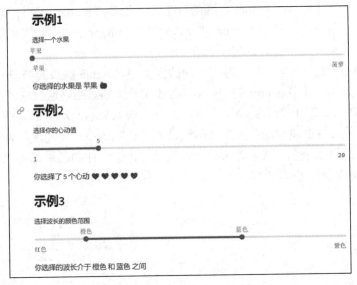

图 5-9　范围选择滑块组件示例

5.8　下载按钮

st.download_button()方法用于在网页上创建下载按钮，可以为用户提供直接从 Web 应用下载文件的功能，具体的使用说明如下：

```
st.download_button(label, data, file_name=None, mime=None, key=None, help=
None, on_click=None, args=None, kwargs=None, *, disabled=False, use_container_
width=False)
```

（1）label：向用户解释此按钮用途的简短标签。该参数的类型为字符串类型，该参数支持部分 Markdown 语法，如粗体、斜体、删除线、内联代码和表情符号。

（2）data：需要下载的文件的内容。数据类型为字符串型、文件字节流等。

（3）file_name：指定要下载的文件的名称，数据类型为字符串类型，例如 data.csv，默认为 None，文件名称将自动生成。

（4）mime：指定 data 参数对应文件的 MIME 类型。该参数的数据类型为 None 或者字符串类型，默认为 None。如果该参数为 None，则会根据 data 参数的数据类型自动调整。如果 data 参数的数据类型是字符串或者文本文件，则自动设置为 text/plain。如果 data 参数是二进制数据或者二进制文件，则自动设置为 application/octet-stream。

（5）key：用于生成唯一标记该组件的键，避免与同类组件混淆。该参数的类型为字符串、整型或 None，默认为 None，将自动生成。

（6）help：可选的工具提示，显示在文本的右侧，默认为 None，表示没有工具提示。

（7）on_click：设置该组件选项变化时的回调函数或方法，默认为 None。

（8）args：传递给 on_click 参数对应回调函数或方法的位置参数元组，默认为 None。

（9）kwargs：传递给 on_click 参数对应回调函数或方法的关键字参数字典，默认为 None。

（10）disabled：是否将该组件设置为禁用状态。默认值为 False，是可用状态。该参数只能通过关键字设置。

（11）use_container_width：是否将数据框的宽度设置为父容器的宽度。默认值为 False，不设置。

（12）返回值：如果在 Web 应用上次运行时单击了该按钮，则为 True，否则为 False。

新建一个名为 download_button.py 的 Python 文件，整体的思路是通过 5 个示例说明设置不同参数的效果。第 1 个示例是首先定义一个 Python 字符串，然后将字符串作为实参传递给 data 参数，最后生成第 1 个下载按钮；第 2 个示例是设置不同的 label 参数和 file_name 参数，生成第 2 个下载按钮；第 3 个示例是定义一个二进制数据，然后将它传递给 data 参数，最后生成第 3 个下载按钮；第 4 个示例是通过 NumPy 库随机生成数据，然后通过 Pandas 库转换成 CSV 格式，最后生成第 4 个下载按钮；第 5 个示例是通过 open()函数读取图像文件，然后将读取到的内容传递给 data 参数，最后生成第 5 个下载按钮。整个文件中的代码如下：

```python
#第5章/download_button.py
import streamlit as st
import pandas as pd
import numpy as np

#将字符串作为文件，通过下载按钮进行下载
text_contents = '''这是 Python 的字符串'''
#未设置 file_name 参数，将自动生成文件名
st.download_button('下载字符串', text_contents)
#设置 file_name 参数，指定下载的文件名
st.download_button('下载字符串,指定文件名', text_contents, file_name='字符串.txt')

#将 binary_contents 定义为二进制数据
binary_contents = b'example content'
#因为没有设置 mime 参数，所以默认为 None
#又因为 binary_contents 变量为二进制数据
#所以 mime 会被自动设置为'application/octet-stream'
st.download_button('下载二进制数据', binary_contents)
```

```
#生成100行3列的随机数
df = pd.DataFrame(np.random.randn(100, 3), columns=['a', 'b', 'c'])
#转换为CSV格式
csv_data = df.to_csv(index=False)

#将csv_data传给data参数，生成下载按钮
st.download_button(
    label="下载CSV文件",
    data=csv_data,
    file_name='data.csv',
    mime='text/csv', #指定MIME类型
)

#读取图片的内容，然后将内容传给data参数，生成下载按钮
with open("鱼.jpg", "rb") as file:
    st.download_button(
        label="下载图片",
        data=file,
        file_name="小鱼图片.jpg",
        mime="image/jpeg"
    )
```

读者可以运行代码，然后单击不同的下载按钮，以便进行理解。效果如图5-10所示。

图5-10 下载按钮示例

5.9 单行文本输入框组件

st.text_input()方法用于在网页上创建单行文本输入框组件，用来接收用户输入的单行文本。具体的使用说明如下：

```
st.text_input(label, value="", max_chars=None, key=None, type="default",
help=None, autocomplete=None, on_change=None, args=None, kwargs=None, *,
placeholder=None, disabled=False, label_visibility="visible")
```

（1）label：向用户解释此输入框组件的描述文本。该参数的类型为字符串类型，该参数支持部分 Markdown 语法，如粗体、斜体、删除线、内联代码和表情符号。

（2）value：设置首次渲染时输入组件的文本值。数据类型是任意的，但是会强制转换成字符串类型，默认为空字符串。

（3）max_chars：文本输入中允许的最大字符数。

（4）key：用于生成唯一标记该组件的键，避免与同类组件混淆。该参数的类型为字符串、整型或 None，默认为 None，将自动生成。

（5）type：输入文本的类型。可以为 default 或 password，默认为 default。常规文本应设置为 default，如果输入的是密码或敏感信息，则应设置为 password。

（6）help：可选的工具提示，显示在文本的右侧，默认为 None，表示没有工具提示。

（7）autocomplete：设置自动填充功能。如设置为 name，则会读取浏览器中存储的姓名。

（8）on_change：设置该组件变化时的回调函数或方法，默认为 None。

（9）args：传递给 on_change 参数对应回调函数或方法的位置参数元组，默认为 None。

（10）kwargs：传递给 on_change 参数对应回调函数或方法的关键字参数字典，默认为 None。

（11）placeholder：当文本输入为空时显示的占位字符串，默认为 None。如果为 None，则不显示任何文本。该参数只能通过关键字设置。

（12）disabled：是否将该组件设置为禁用状态。默认值为 False，是可用状态。该参数只能通过关键字设置。

（13）label_visibility：设置 label 参数的可见性。如果为 hidden，则标签不会显示，但小部件上方仍然有空白空间（相当于 label=""）。如果为 collapsed，则标签和空间都会被删除。默认为 visible。该参数只能通过关键字设置。

（14）返回值：用户输入的值，类型是字符串。

新建一个名为 text_input.py 的 Python 文件，整体的思路是通过 4 个示例说明设置不同参数的效果。第 1 个示例是将 value 参数的值设置为"歌唱祖国"，第 2 个示例是设置不同的 label 参数和 autocomplete 参数，第 3 个示例是设置 placeholder 参数，第 4 个示例是将 type 参数设置为 password。整个文件中的代码如下：

```python
#第5章/text_input.py
import streamlit as st

st.subheader('示例1')
song = st.text_input('歌曲名称：', '歌唱祖国')
st.write('你输入的歌曲名称是：', song)

st.subheader('示例2')
name = st.text_input('姓名', autocomplete='name')
st.write('你的姓名是：', name)
```

```
st.subheader('示例 3')
st.text_input('占位字符串展示', placeholder='这是一个占位字符串')

st.subheader('示例 4')
st.text_input('密码', value='123456', type='password')
```

读者可以运行代码，输入不同的内容进行理解。效果如图 5-11 所示。

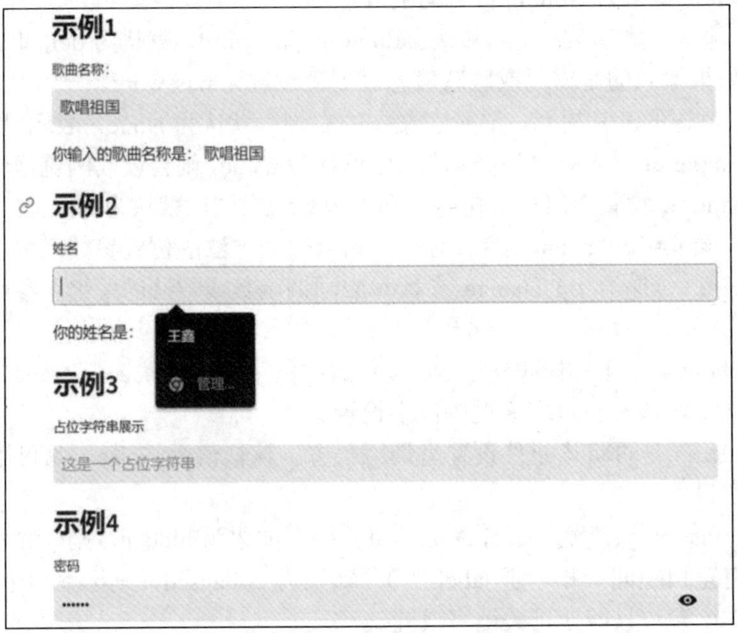

图 5-11　单行文本输入框组件示例

5.10　数字输入框组件

st.number_input()方法用于在网页上创建数字输入框组件，用来接收用户输入的数字类型的信息。具体的使用说明如下：

```
st.number_input(label, min_value=None, max_value=None, value= NoValue(),
step=None, format=None, key=None, help=None, on_change=None, args=None, kwargs=
None, *, disabled=False, label_visibility="visible")
```

（1）label：向用户解释此输入框组件的描述文本。该参数的类型为字符串类型，该参数支持部分 Markdown 语法，如粗体、斜体、删除线、内联代码和表情符号。

（2）min_value：设置允许的最小值，默认为 None，表示无最小值的限制。

（3）max_value：设置允许的最大值，默认为 None，表示无最大值的限制。

（4）value：设置首次渲染时输入组件的值，默认为 min_value 参数的值，如果 min_value

参数为 None，则默认为 0.0。

（5）step：该组件右侧"+"号和"−"号的步长。如果是整型，则默认为 1，否则默认为 0.01。如果未指定该参数，则将使用 format 参数。

（6）format：设置 value 参数显示格式的样式。该参数不会影响数字输入框组件的返回值。合法的显示格式样式有%d、%e、%f、%g、%i、%u。

（7）key：用于生成唯一标记该组件的键，避免与同类组件混淆。该参数的类型为字符串、整型或 None，默认为 None，将自动生成。

（8）help：可选的工具提示，显示在文本的右侧，默认为 None，表示没有工具提示。

（9）on_change：设置该组件变化时的回调函数或方法，默认为 None。

（10）args：传递给 on_change 参数对应回调函数或方法的位置参数元组，默认为 None。

（11）kwargs：传递给 on_change 参数对应回调函数或方法的关键字参数字典，默认为 None。

（12）disabled：是否将该组件设置为禁用状态。默认值为 False，是可用状态。该参数只能通过关键字设置。

（13）label_visibility：设置 label 参数的可见性。如果为 hidden，则标签不会显示，但小部件上方仍然有空白空间（相当于 label=""）。如果为 collapsed，则标签和空间都会被删除。默认为 visible。该参数只能通过关键字设置。

（14）返回值：用户输入的值，数据类型与 value 参数的数据类型一致。

5.10.1　简单示例

新建一个名为 number_input.py 的 Python 文件，整体的思路是通过 4 个示例说明设置不同参数的效果。第 1 个示例只设置 label 参数，第 2 个示例用来接收用户的年龄并限制最小值和最大值，第 3 个示例用来接收用户的报价并限制最小值和步长。整个文件中的代码如下：

```python
#第 5 章/number_input.py
import streamlit as st

st.subheader('示例 1')
num_1 = st.number_input("请输入一个数字")
st.write('你输入的是：', num_1)

st.subheader('示例 2')
age = st.number_input("请输入你的年龄", min_value=1, max_value=130, value=10)
st.write('你的年龄是:', age)

st.subheader('示例 3')
price = st.number_input("请输入你的报价", min_value=1000.00, step=5.0)
st.write('你的报价是：', price)
```

读者可以运行代码，输入不同的内容进行理解。效果如图 5-12 所示。

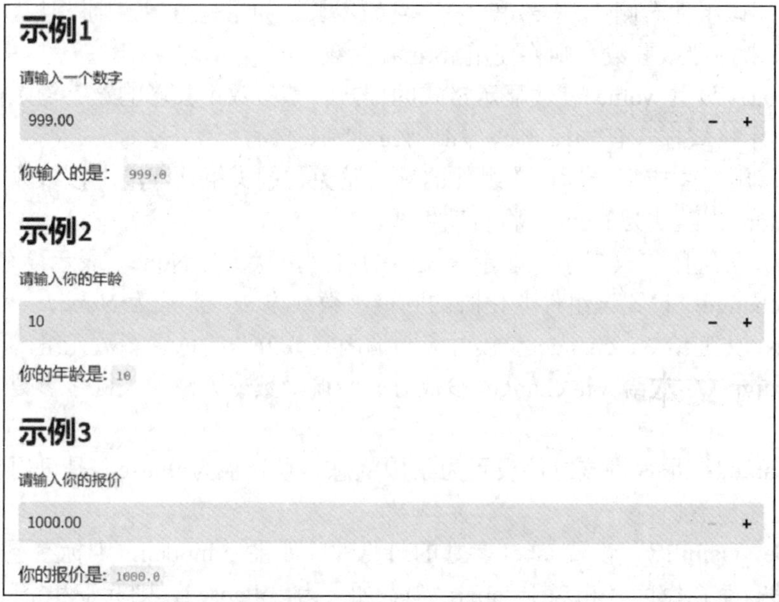

图 5-12　数字输入框组件简单示例

5.10.2　计算身体质量指数

身体质量指数（Body Mass Index，BMI）是用来评估人体胖瘦程度最常用的一个指标，它的计算公式为体重（以千克为单位）除以身高（以米为单位）的平方。

新建一个名为 calculate_bmi.py 的 Python 文件，整体的思路是使用数字输入框组件接收用户的体重和身高，然后使用普通按钮触发计算身体质量指数的过程。整个文件中的代码如下：

```
#第5章/calculate_bmi.py
import streamlit as st

st.header('身体质量指数计算器')

weight = st.number_input('请输入你的体重（千克）', min_value=0.0)
height = st.number_input('请输入你的身高（米）', min_value=0.0, format='%.2f')

if st.button('计算BMI'):
    bmi = weight / (height ** 2)
    st.write(f'你的BMI指数为:{bmi:.2f}')
```

读者可以运行代码，输入不同的内容进行理解。效果如图 5-13 所示。

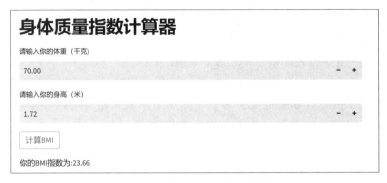

图 5-13 身体质量指数计算器

5.11 多行文本输入框组件

st.text_area()方法用于在网页上创建多行文本输入框组件,用来接收用户输入的多行文本。具体的使用说明如下:

```
st.text_area(label, value="", height=None, max_chars=None, key=None, help=
None, on_change=None, args=None, kwargs=None, *, placeholder=None, disabled=
False, label_visibility="visible")
```

(1) label:向用户解释此输入框组件的描述文本。该参数的类型为字符串类型,该参数支持部分 Markdown 语法,如粗体、斜体、删除线、内联代码和表情符号。

(2) value:设置首次渲染时输入组件的文本值。数据类型是任意,但是会强制转换成字符串类型,默认为空字符串。

(3) height:元素的所需高度(以像素表示)。如果没有,则使用默认高度。

(4) max_chars:文本输入中允许的最大字符数。

(5) key:用于生成唯一标记该组件的键,避免与同类组件混淆。该参数的类型为字符串、整型或 None,默认为 None,将自动生成。

(6) help:可选的工具提示,显示在文本的右侧,默认为 None,表示没有工具提示。

(7) on_change:设置该组件文本值变化时的回调函数或方法,默认为 None。

(8) args:传递给 on_change 参数对应回调函数或方法的位置参数元组,默认为 None。

(9) kwargs:传递给 on_change 参数对应回调函数或方法的关键字参数字典,默认为 None。

(10) placeholder:当文本输入为空时显示的占位字符串,默认为 None。如果为 None,则不显示任何文本。该参数只能通过关键字设置。

(11) disabled:是否将该组件设置为禁用状态,默认值为 False,是可用状态。该参数只能通过关键字设置。

(12) label_visibility:设置 label 参数的可见性。如果为 hidden,则标签不会显示,但小部件上方仍然有空白空间（相当于 label=""）。如果为 collapsed，则标签和空间都会被删除。默认为 visible。该参数只能通过关键字设置。

（13）返回值：用户输入的值，类型是字符串。

新建一个名为 text_area.py 的 Python 文件，整体的思路是通过两个示例说明设置不同参数的效果。第 1 个示例设置 placeholder 参数，提示用户输入相关信息；第 2 个示例设置该组件的初始值、高度和最大字符数。整个文件中的代码如下：

```
#第5章/text_area.py
import streamlit as st

st.subheader("示例1")
st.text_area(label='建议或意见：', placeholder='请输入你的建议或意见')

st.subheader("示例2")
init_text = "真的猛士，敢于直面惨淡的人生，敢于正视淋漓的鲜血。这是怎样的哀痛者和" \
        "幸福者？然而造化又常常为庸人设计，以时间的流逝，来洗涤旧迹，仅使留下" \
        "淡红的血色和微漠的悲哀。在这淡红的血色和微漠的悲哀中，又给人暂得偷生" \
        "，维持着这似人非人的世界。我不知道这样的世界何时是一个尽头！"
st.text_area(label='输入需要进行情感分析的文本：', value=init_text,
        height=200, max_chars=200)
```

读者可以运行代码，输入不同的内容进行理解。效果如图 5-14 所示。

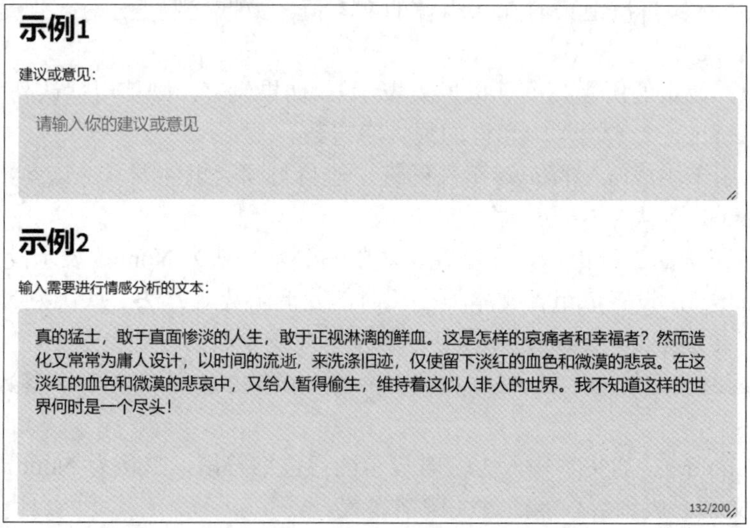

图 5-14　多行文本输入框组件示例

5.12 日期选择组件

st.date_input()方法用于在网页上创建日期选择组件。它可以让用户通过单击来选择日期，9min
具体的使用说明如下：

```
st.date_input(label, value=None, min_value=None, max_value=None, key=None,
help=None, on_change=None, args=None, kwargs=None, *, disabled=False, label_
visibility="visible")
```

（1）label：向用户解释此组件用途的简短标签。该参数的类型为字符串类型，该参数支持部分 Markdown 语法，如粗体、斜体、删除线、内联代码和表情符号。

（2）value：该组件首次渲染时的值。该参数的数据类型为 None、一个日期类型或一个包含两个日期类型的列表或元组。默认为今天作为单一日期选择器。若为列表或元组，则日期选择器组件允许用户选择一个日期范围。日期类型是 datetime 模块中的 date 和 datetime。

（3）min_value：最小可选择日期。如果 value 参数是一个日期类型，则默认值为 value 参数减去 10 年。如果 value 参数是列表或元组，如[start, end]，则默认为 start 减去 10 年。

（4）max_value：最大可选择日期。如果 value 参数是一个日期类型，则默认值为 value 参数加上 10 年。如果 value 参数是列表或元组，如[start, end]，则默认为 end 加上 10 年。

（5）key：用于生成唯一标记该组件的键，避免与同类组件混淆。该参数的类型为字符串、整型或 None，默认为 None，将自动生成。

（6）help：可选的工具提示，显示在文本的右侧，默认为 None，表示没有工具提示。

（7）on_change：设置该组件选项变化时的回调函数或方法，默认为 None。

（8）args：传递给 on_change 参数对应回调函数或方法的位置参数元组，默认为 None。

（9）kwargs：传递给 on_change 参数对应回调函数或方法的关键字参数字典，默认为 None。

（10）disabled：是否将该组件设置为禁用状态，默认值为 False，是可用状态。该参数只能通过关键字设置。

（11）label_visibility：设置 label 参数的可见性。如果为 hidden，则标签不会显示，但小部件上方仍然有空白空间（相当于 label=""）。如果为 collapsed，则标签和空间都会被删除。默认为 visible。该参数只能通过关键字设置。

（12）返回值：被选中的选项。返回值的数据类型为 value 参数的类型。

新建一个名为 date_input.py 的 Python 文件，整体的思路是通过 3 个示例说明设置不同 value、min_value、max_value 参数的效果。第 1 个示例将 value 的值设置为 None，默认为今天；第 2 个示例将 value 设置为元组，将日期选择组件设置为日期范围选择；第 3 个示例设置 min_value 和 max_value 参数，限制用户选择日期的最小值和最大值。整个文件中的代码如下：

```
#第 5 章/date_input.py
```

```
import streamlit as st
from datetime import datetime, timedelta

st.subheader("示例 1")
#value 参数默认为 None，初始状态为今天
date = st.date_input("选择一个日期", value=None)
st.write("你选择的日期是:", date)

st.subheader("示例 2")
#将 value 设置为元组，代表(start, end)，日期选择器为区间[start, end]
date_1, date_2 = st.date_input("选择一个日期区间", value=(datetime.now(),
datetime.now() + timedelta(7)))
st.write("你选择的日期区间是:", date_1, "到", date_2)

st.subheader("示例 3")
#将 value 设置为昨天
#将 min_value 设置为今天减去 7 天，将 max_value 设置为今天
date = st.date_input(
    "限制日期选择区间",
    value=datetime.now() - timedelta(1),
    min_value=datetime.now() - timedelta(7),
    max_value=datetime.now())

st.write("你选择的日期是:", date)
```

读者可以运行代码，以便加强理解。效果如图 5-15 所示。

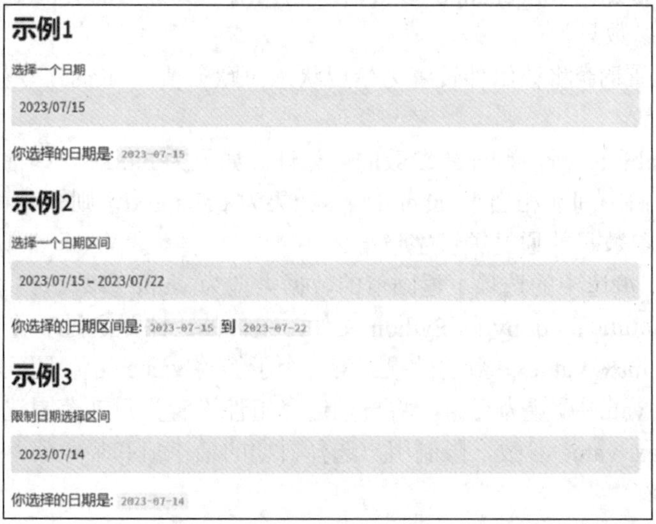

图 5-15　日期选择组件示例

8min

5.13 时间选择组件

st.time_input()方法用于在网页上创建时间选择组件。它可以让用户通过单击来选择某个时间点，具体的使用说明如下：

```
st.time_input(label, value=None, key=None, help=None, on_change=None,
args=None, kwargs=None, *, disabled=False, label_visibility="visible", step=
0:15:00)
```

（1）label：向用户解释此组件用途的简短标签。该参数的类型为字符串类型，该参数支持部分 Markdown 语法，如粗体、斜体、删除线、内联代码和表情符号。

（2）value：该组件首次渲染时的值。该参数的数据类型为 None、datetime 模块的 time 或 datetime 类型。默认为 None，即当前的时间。

（3）key：用于生成唯一标记该组件的键，避免与同类组件混淆。该参数的类型为字符串、整型或 None，默认为 None，将自动生成。

（4）help：可选的工具提示，显示在文本的右侧，默认为 None，表示没有工具提示。

（5）on_change：设置该组件选项变化时的回调函数或方法，默认为 None。

（6）args：传递给 on_change 参数对应回调函数或方法的位置参数元组，默认为 None。

（7）kwargs：传递给 on_change 参数对应回调函数或方法的关键字参数字典，默认为 None。

（8）disabled：是否将该组件设置为禁用状态，默认值为 False，是可用状态。该参数只能通过关键字设置。

（9）label_visibility：设置 label 参数的可见性。如果为 hidden，则标签不会显示，但小部件上方仍然有空白空间（相当于 label=""）。如果为 collapsed，则标签和空间都会被删除。默认为 visible。该参数只能通过关键字设置。

（10）step：设置时间的间隔。数据类型为 int 或者 timedelta 类型。默认为 900s，即 15min。

（11）返回值：当前组件选中的时间。返回值的数据类型为 datetime.datetime 类型。

新建一个名为 time_input.py 的 Python 文件，整体的思路是通过 4 个示例说明设置不同 value、step 参数的效果。第 1 个示例将 value 的值设置为 None，默认为当前时间；第 2 个示例将 value 设置为 datetime 模块的 time 类型，值为 8 点 45 分；第 3 个示例将 value 设置为 datetime 模块的 datetime 类型，但是组件只会取时间部分，即为 21 点 15 分；第 4 个示例设置 step 参数，步长为 60s，即 1min。整个文件中的代码如下：

```
#第 5 章/time_input.py
import streamlit as st
from datetime import datetime, time

st.subheader("示例 1")
```

```
w1 = st.time_input("时间 1")
st.write("你选择的时间 1 是:", w1)

st.subheader("示例 2")
w2 = st.time_input("时间 2", time(8, 45))
st.write("你选择的时间 2 是:", w2)

st.subheader("示例 3")
w3 = st.time_input("时间 3", datetime(2019, 7, 6, 21, 15))
st.write("你选择的时间 3 是:", w3)

st.subheader("示例 4")
#将 step 设置为 60s，即 1min
w4 = st.time_input("时间 4", step=60)
st.write("你选择的时间 4 是:", w4)
```

读者可以运行代码，以便加强理解。效果如图 5-16 所示。

图 5-16　时间选择组件示例

16min

5.14　文件上传组件

st.file_uploader()方法用于在网页上创建文件上传组件。它可以让用户通过拖曳或单击上传文件。在默认情况下，上传的文件大小被限制为 200MB。改变默认值可以使用 server.maxUploadSize 配置选项进行配置。st.file_uploader()的具体使用说明如下：

```
st.file_uploader(label, type=None, accept_multiple_files=False, key=None,
help=None, on_change=None, args=None, kwargs=None, *, disabled=False, label_
visibility="visible")
```

（1）label：向用户解释此组件用途的简短标签。该参数的类型为字符串类型，该参数支持部分 Markdown 语法，如粗体、斜体、删除线、内联代码和表情符号。

（2）type：设置允许上传的文件后缀名。该参数的数据类型为 None 或列表，默认为 None，表示允许所有扩展名。如设置['png', 'jpg']，则表示允许上传后缀名为 png 或 jpg 的文件。

（3）accept_multiple_files：设置是否同时允许上传多个文件，默认值为 False，表示不允许。若设置为 True，则允许同时上传多个文件，这时该组件的返回值为包含多个文件的列表。

（4）key：用于生成唯一标记该组件的键，避免与同类组件混淆。该参数的类型为字符串、整型或 None，默认为 None，将自动生成。

（5）help：可选的工具提示，显示在文本的右侧，默认为 None，表示没有工具提示。

（6）on_change：设置该组件选项变化时的回调函数或方法，默认为 None。

（7）args：传递给 on_change 参数对应回调函数或方法的位置参数元组，默认为 None。

（8）kwargs：传递给 on_change 参数对应回调函数或方法的关键字参数字典，默认为 None。

（9）disabled：是否将该组件设置为禁用状态，默认值为 False，是可用状态。该参数只能通过关键字设置。

（10）label_visibility：设置 label 参数的可见性。如果为 hidden，则标签不会显示，但小部件上方仍然有空白空间（相当于 label=""）。如果为 collapsed，则标签和空间都会被删除。默认为 visible。该参数只能通过关键字设置。

（11）返回值：用户上传的文件。如果 accept_multiple_files 为 False，则返回值为 None 或者 UploadedFile 对象。如果 accept_multiple_files 为 True，则返回值为一个空列表或者包含对应 UploadedFile 对象的列表，其中空列表代表用户没有上传文件。UploadedFile 类是 BytesIO 的子类，因此它是"类似文件"的对象。这意味着可以将它们传递到任何要求传入文件的地方。

需要说明的是，目前 Streamlit 库没有修改该组件上 Browse files 等文本的接口。

5.14.1　上传单个文件

新建一个名为 file_loader_single.py 的 Python 文件，整体的思路是通过设置 type 参数限制用户上传 CSV 格式的文件，然后对上传文件组件的返回值进行一系列操作。整个文件中的代码如下：

```python
#第5章/file_loader_single.py
import streamlit as st
import pandas as pd
from io import StringIO

#通过 file_uploader 组件上传一个文件，获得文件对象 uploaded_file
st.header('文件上传组件示例')
uploaded_file = st.file_uploader("选择一个 CSV 文件")
if uploaded_file is not None:
    #uploaded_file 本身是一个二进制对象，可以通过 getvalue()获得其二进制值
    bytes_data = uploaded_file.getvalue()
    #得到字节数据 bytes_data，可以直接将二进制值显示出来
    st.subheader('直接展示字节数据')
    st.write(bytes_data)

    #若想将其转换成字符串，则可以通过 StringIO 来辅助转换
    #将上传文件的二进制内容转换为字符串形式
    #创建一个 StringIO 对象，以此来操作该字符串
    stringio = StringIO(uploaded_file.getvalue().decode("utf-8"))
    #显示 stringio 对象
    st.subheader('展示生成的 StringIO 对象')
    st.write(stringio)

    #对 stringio 对象调用 read()方法读取文件内容，获得一个字符串
    string_data = stringio.read()
    #显示字符串
    st.subheader('展示读取的文件字符串')
    st.write(string_data)

    #pd.read_csv()可以接受一个"类似文件"对象作为参数,uploaded_file 就是一个类似文
    #件的对象
    #可以直接将 uploaded_file 传递给 pd.read_csv()，Pandas 会自动根据文件对象读入其
    #内容并解析成数据框
    dataframe = pd.read_csv(uploaded_file)
    dataframe.index.name = '索引号'
    st.subheader('展示直接用 pd.read_csv()方法生成的数据框')
    st.write(dataframe)
```

读者可以运行代码，然后上传一个 CSV 格式的文件。代码的注释较为详细，可以辅助理解。效果如图 5-17 所示。

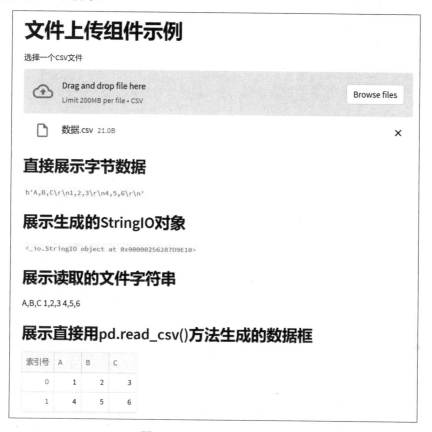

图 5-17　上传单个文件示例

5.14.2　上传多个文件

新建一个名为 file_loader_multiple.py 的 Python 文件，整体的思路是展示如何通过设置 accept_multiple_files 参数允许用户同时上传多个文件，然后对返回的文件列表进行一系列操作。整个文件中的代码如下：

```
#第5章/file_loader_multiple.py
import streamlit as st

st.subheader("多文件上传")
uploaded_files = st.file_uploader("选择要上传的文件", accept_multiple_files=True)
for uploaded_file in uploaded_files:
    st.write("文件名:", uploaded_file.name, "文件大小: ", uploaded_file.size,
```

```
"B")
```

读者可以运行代码，然后通过按住 Ctrl 键上传多个文件，再次单击 Browse files 按钮进行多文件上传。效果如图 5-18 所示。

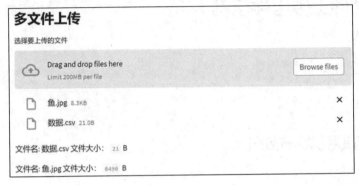

图 5-18　上传多个文件示例

5min

5.15　拍照组件

st.camera_input()方法用于在网页上创建拍照组件。它可以让用户通过调用计算机摄像头进行拍照。具体的使用说明如下：

```
st.camera_input(label, key=None, help=None, on_change=None, args=None,
kwargs=None, *, disabled=False, label_visibility="visible")
```

（1）label：向用户解释此组件用途的简短标签。该参数的类型为字符串类型，该参数支持部分 Markdown 语法，如粗体、斜体、删除线、内联代码和表情符号。

（2）key：用于生成唯一标记该组件的键，避免与同类组件混淆。该参数的类型为字符串、整型或 None，默认为 None，将自动生成。

（3）help：可选的工具提示，显示在文本的右侧，默认为 None，表示没有工具提示。

（4）on_change：设置该组件选项变化时的回调函数或方法，默认为 None。

（5）args：传递给 on_change 参数对应回调函数或方法的位置参数元组，默认为 None。

（6）kwargs：传递给 on_change 参数对应回调函数或方法的关键字参数字典，默认为 None。

（7）disabled：是否将该组件设置为禁用状态，默认值为 False，是可用状态。该参数只能通过关键字设置。

（8）label_visibility：设置 label 参数的可见性。如果为 hidden，则标签不会显示，但小部件上方仍然有空白空间（相当于 label=""）。如果为 collapsed，则标签和空间都会被删除。默认为 visible。该参数只能通过关键字设置。

（9）返回值：用户拍照生成的文件。返回值为 None 或者 UploadedFile 对象。UploadedFile

类是 BytesIO 的子类，因此它是"类似文件"的对象。这意味着可以将它们传递到任何要求传入文件的地方。

需要说明的是，目前 Streamlit 库没有修改该组件上 Take Photo 等文本的接口。

新建一个名为 camera_input.py 的 Python 文件，整体的思路是先创建拍照组件，然后进行拍照，如果拍照成功，则将使用 st.image()方法展示图片，并调用 UploadedFile.getvalue()方法获取二进制数据，最后使用 st.write()方法展示二进制数据的类型。整个文件中的代码如下：

```python
#第5章/camera_input.py
import streamlit as st

picture = st.camera_input("拍张照")
if picture:
    st.image(picture)

    bytes_data = picture.getvalue()
    st.write(type(bytes_data))
```

读者可以运行代码，使用拍照按钮，以便加强理解。本例比较简单，不提供截图。

5.16 颜色捡拾组件

7min

st.color_picker()方法用于在网页上创建颜色捡拾组件。它可以让用户通过单击该组件选择颜色。具体的使用说明如下：

```
st.color_picker(label, value=None, key=None, help=None, on_change=None,
args=None, kwargs=None, *, disabled=False, label_visibility="visible")
```

（1）label：向用户解释此组件用途的简短标签。该参数的类型为字符串类型，该参数支持部分 Markdown 语法，如粗体、斜体、删除线、内联代码和表情符号。

（2）value：设置首次渲染该组件时的十六进制的颜色值，默认为 None，为黑色。

（3）key：用于生成唯一标记该组件的键，避免与同类组件混淆。该参数的类型为字符串、整型或 None，默认为 None，将自动生成。

（4）help：可选的工具提示，显示在文本的右侧，默认为 None，表示没有工具提示。

（5）on_change：设置该组件选项变化时的回调函数或方法，默认为 None。

（6）args：传递给 on_change 参数对应回调函数或方法的位置参数元组，默认为 None。

（7）kwargs：传递给 on_change 参数对应回调函数或方法的关键字参数字典，默认为 None。

（8）disabled：是否将该组件设置为禁用状态，默认值为 False，是可用状态。该参数只能通过关键字设置。

（9）label_visibility：设置 label 参数的可见性。如果为 hidden，则标签不会显示，但小部件上方仍然有空白空间（相当于 label=""）。如果为 collapsed，则标签和空间都会被删除。默认为 visible。该参数只能通过关键字设置。

（10）返回值：用户选定的颜色对应的十六进制字符串。

新建一个名为 color_picker.py 的 Python 文件，整体的思路是通过两个示例说明设置不同 value 参数的效果。第 1 个示例不设置 value 参数，默认为黑色；第 2 个示例设置 value 参数，即设置为蓝色。整个文件中的代码如下：

```python
#第 5 章/color_picker.py
import streamlit as st

st.subheader("示例 1")
color = st.color_picker('选择一种颜色')
st.write('当前的颜色值是', color)

st.subheader("示例 2")
color = st.color_picker('选择一种颜色', '#0000ff')
st.write('当前的颜色值是', color)
```

读者可以运行代码，效果如图 5-19 所示。

图 5-19　颜色捡拾组件示例

第 6 章

布局和容器组件

合理的布局可以让 Web 页面内容更容易被用户浏览和访问，从而提高页面的可用性。如通过区块划分、间距对齐等让页面更易阅读和操作。布局的视觉排版可以使页面更美观，提升用户的审美体验。页面布局本身就能传达语义，如标题区、导航区、内容区的位置可表示不同元素的语义关系。良好的网页布局对网站有重要影响和作用，是网页设计中不可或缺的一部分。Streamlit 库提供了多个选项来控制不同元素在屏幕上的布局方式，通过组件嵌套与组合可以实现各种复杂布局。容器组件与多列布局是实现复杂页面的关键。

20min

6.1 侧边栏

侧边栏是显示在 Web 应用一侧的一种容器组件。它允许用户专注于关键内容。使用 st.sidebar()方法可以在 Web 应用中创建侧边栏。

6.1.1 往侧边栏添加组件的语法

第 1 种语法是点号语法，说明如下：

```
st.sidebar.[element_name]
```

第 2 种是 with 语法，说明如下：

```
with st.sidebar:
    st.[element_name]
```

以上这两种语法是等价的，其中 element_name 可以是之前学过的任何元素或组件。添加到侧边栏的所有元素都会被固定在侧边栏中，从而使用户更加专注于关键内容。

同时，需要提醒读者的是，通过拖曳侧边栏右侧的边框，可以调整侧边栏的大小。

6.1.2 使用示例

新建一个名为 sidebar_example.py 的 Python 文件，整体的思路是通过两种语法往侧边栏添加下拉按钮和单选按钮。整个文件中的代码如下：

```
#第6章/sidebar_example.py
import streamlit as st

#使用点号语法
add_selectbox = st.sidebar.selectbox(
    "你最喜欢什么颜色？",
    ("红色", "蓝色", "绿色")
)

#使用 with 语法
with st.sidebar:
    add_radio = st.radio(
        "你最喜欢哪个学科？",
        ("数学", "语文", "英语")
)
st.title("侧边栏示例")
```

读者可以运行代码，效果如图 6-1 所示。

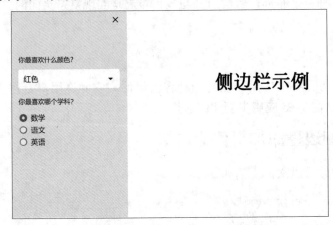

图 6-1　侧边栏示例

6.1.3　使用侧边栏实现多页面应用

新建一个名为 sidebar_pages.py 的 Python 文件，整体的思路是通过判断侧边栏中下拉按钮的结果，展示不同的页面内容。整个文件中的代码如下：

```
#第6章/sidebar_pages.py
import streamlit as st

page = st.sidebar.selectbox("选择页面", ["页面1", "页面2", "页面3"])

if page == "页面1":
```

```
    st.title("页面1")
    st.write("这是页面1的内容")

elif page == "页面2":
    st.title("页面2")
    st.write("这是页面2的内容")

else:
    st.title("页面3")
    st.write("这是页面3的内容")
```

读者可以运行代码，效果如图6-2所示。

图6-2 侧边栏实现多页面应用

6.1.4 使用侧边栏实现山西旅游助手

新建一个名为sidebar_travel.py的Python文件，整体的思路是通过判断侧边栏中第1个城市下拉按钮的结果，动态地生成对应城市的景点下拉按钮，然后单击查询按钮，展示用户选择的结果和对应景点的详情介绍。整个文件中的代码如下：

```
#第6章/sidebar_travel.py
import streamlit as st

st.title('山西旅游助手')

cities = ['太原', '大同', '临汾', '朔州', '忻州']
#生成城市下拉按钮
selected_city = st.sidebar.selectbox('选择城市', cities)
#各城市旅游景点数据
spots = {'太原': ['双塔寺', '碑林公园', '晋祠'],
         '大同': ['云冈石窟', '悬空寺', '善化寺'],
         '临汾': ['壶口瀑布', '华门', '尧帝古居', '尧庙'],
```

```
                '朔州':['应县木塔', '净土寺', '广武城'],
                '忻州': ['五台山', '雁门关', '芦芽山']
            }
#根据城市下拉按钮的选项,动态生成景点下拉按钮
selected_spot = st.sidebar.selectbox('选择景点', spots[selected_city])

#判断是否单击了"查询"按钮
if st.sidebar.button('查询'):
    #呈现用户选择了哪个城市的哪个景点
    st.write(f'您选择的景点是:{selected_city} - {selected_spot}')

st.write('查询结果和景点详情将显示在这里...')
```

读者可以运行代码，效果如图 6-3 所示。

图 6-3　侧边栏实现山西旅游助手

11min

6.2　列容器

列布局（Column Layout）是一种网页布局方式，将页面分隔成垂直的列，每列内可以放置内容。st.columns()方法是 Streamlit 库提供的一种容器组件，用来直接实现列布局。它可以将网页水平分割成多列，我们只需在不同的列中放置组件。st.columns()方法向我们提供了一行简单的 Python 代码就能够实现列布局的能力。Streamlit 库会自动处理布局，使其响应式地适配不同大小的显示设备和屏幕，st.columns()方法降低了网页列布局的复杂度。

st.columns()方法将在网页上创建并排的列容器，它的返回值是这些列容器的列表，类似于侧边栏容器组件，可以使用点号和 with 语法往列容器中添加各种元素或组件，但推荐使用 with 语法进行添加。st.columns()方法的具体使用说明如下：

```
st.columns(spec, *, gap="small")
```

（1）spec：设置生成列容器的数量和宽度。数据类型可以是整型或包含数值的列表。如果为整型，则必须大于 0，用于指定插入的列容器的数量，这时所有列容器的宽度是相等的。

如果是包含数值的列表，则将指定每列的相对宽度。例如[3, 1, 2]，将创建 3 个列容器，第 1 列的宽度是第 2 列的 3 倍，第 3 列的宽度是第 2 列的两倍。

（2）gap：设置每列容器之间的间隙。该参数的值可为 small、medium 或 large。默认为 small，该参数只能通过关键字进行设置。

（3）返回值：包含列容器的列表。

6.2.1　使用示例

新建一个名为 columns_example.py 的 Python 文件，整体的思路是创建 3 个列容器，它们的宽度比是 3∶1∶2，然后分别使用点号语法和 with 语法，往列容器中添加各种元素和组件。整个文件中的代码如下：

```
#第 6 章/columns_example.py
import streamlit as st

st.title("列容器")
#创建 3 个列容器，宽度比为 3:1:2
col1, col2, col3 = st.columns([3, 1, 2])

#使用点号语法
col1.subheader("第 1 列")
col1.image('大熊猫图片.jpg')

#使用 with 语法
with col2:
    st.subheader("第 2 列")
    st.image('大熊猫图片.jpg')

#使用 with 语法
with col3:
    st.subheader("第 3 列")
    st.image('大熊猫图片.jpg')
```

读者可以运行代码，效果如图 6-4 所示。

图 6-4　列容器示例

6.2.2 使用列容器构成栅格布局

新建一个名为 columns_grids.py 的 Python 文件，整体的思路是首先使用 pillow 库读取图像文件，然后利用 for 循环语句和 st.columns()方法构建栅格布局。整个文件中的代码如下：

```
#第6章/columns_grids.py
import streamlit as st
from PIL import Image
img = Image.open("大熊猫图片.jpg")
st.subheader("使用列容器构成栅格布局")
#将产生两行
for _ in range(4):
    #每行创建宽度为1:1:1:1的列容器
    cols = st.columns((1, 1, 1, 1))
    cols[0].image(img)
    cols[1].image(img)
    cols[2].image(img)
    cols[3].image(img)
```

读者可以运行代码，效果如图 6-5 所示。

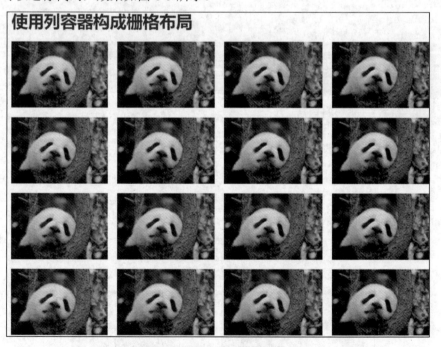

图 6-5　列容器构成栅格布局

13min

6.3　选项卡

选项卡是 Web 应用中常见的界面组件，通过选项卡可以很好地组织多个窗口。使用选项卡组件，可以将相关内容分组到不同的模块中，使复杂内容在单个页面中以整洁的方式呈现，也可以在内容块之间进行快速导航和切换，无须重新加载页面；同时，可以简化操作步骤，将复杂的操作分解成多个简单逻辑步骤，引导用户一步步地完成。

Streamlit 库提供了实现选项卡组件的功能，使用 st.tabs()方法可以在 Web 页面上创建多个选项卡容器对象，每个选项卡容器对象包含不同的内容。st.tabs()方法的具体使用说明如下：

```
st.tabs(tabs)
```

（1）tabs：数据类型为由字符串组成的列表。为 tabs 列表中的每个字符串创建一个选项卡容器对象，在默认情况下会选择第 1 个选项卡。每个字符串支持部分 Markdown 语法，如粗体、斜体、删除线、内联代码和表情符号。

（2）返回值：由选项卡容器对象组成的列表。

6.3.1　使用示例

新建一个名为 tabs_example.py 的 Python 文件，整体的思路是使用 st.tabs()方法生成 3 个选项卡，使用 with 语法在每个选项卡容器中插入内容，使每个选项卡包含一个章节元素和一段 Markdown 文本。整个文件中的代码如下：

```
#第 6 章/tabs_example.py
import streamlit as st

st.title("选项卡简单示例")
tab1, tab2, tab3 = st.tabs(["选项卡 1", "选项卡 2", "选项卡 3"])

with tab1:
    st.header("这是第 1 个选项卡")
    st.markdown("####第 1 个选项卡的内容")

with tab2:
    st.header("这是第 2 个选项卡")
    st.markdown("####第 2 个选项卡的内容")

with tab3:
    st.header("这是第 3 个选项卡")
    st.markdown("####第 3 个选项卡的内容")
```

读者可以运行代码，效果如图 6-6 所示。

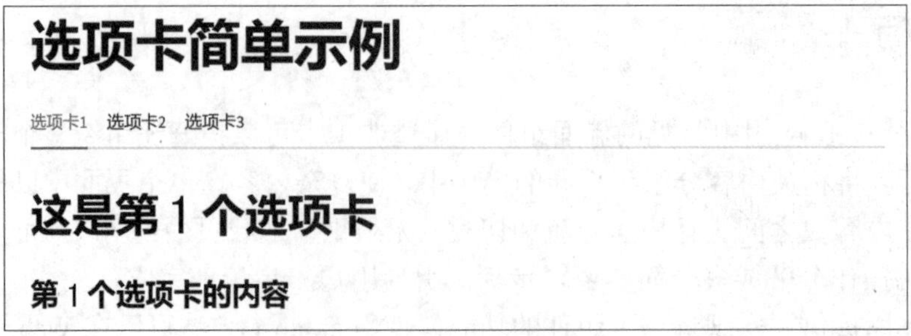

图 6-6　选项卡容器示例

6.3.2　使用选项卡介绍机器学习流程

新建一个名为 tabs_machine_learn.py 的 Python 文件，整体的思路是使用 st.tabs()方法生成 3 个选项卡，分别介绍机器学习的数据处理、模型训练和模型评估的大致流程，然后使用 with 语法在每个选项卡容器中添加相应的内容，使每个选项卡包含更加详细的子流程和一段示例代码块。整个文件中的代码如下：

```python
#第6章/tabs_machine_learn.py
import streamlit as st

st.title("机器学习项目大致流程")
#创建选项卡
tab1, tab2, tab3 = st.tabs(["数据处理", "模型训练", "模型评估"])
#在第1个选项卡中添加内容
with tab1:
    st.header("数据处理")
    st.text("1. 收集数据")
    st.text("2. 数据预处理")
    st.text("3. 特征工程")
    st.code("""
#示例代码
import pandas as pd
#读取数据
df = pd.read_csv('data.csv')
#数据预处理
df = clean_data(df)
#特征工程
df = feature_engineering(df)
X, y = preprocess(df)
    """, language='python')

#在第2个选项卡中添加内容
```

```python
with tab2:
    st.header("模型训练")
    st.text("1. 选择模型")
    st.text("2. 训练模型")
    st.text("3. 优化模型")
    st.text("4. 保存模型")
    st.code("""from sklearn.ensemble import RandomForestClassifier
#选择模型
model = RandomForestClassifier()
#训练模型
model.fit(X_train, y_train)
#优化模型
model = optimize_model(model)
#保存模型
pickle.dump(model, open('rf_model.pkl', 'wb'))
    """, language='python')


#在第3个选项卡中添加内容
with tab3:
    st.header("模型评估")
    st.text("1. 分割训练集和测试集")
    st.text("2. 模型评估指标")
    st.text("3. 错误分析")
    st.text("4. 模型可解释性")
    st.code("""
from sklearn.metrics import accuracy_score, precision_score, recall_score

#分割训练集和测试集
X_train, X_test, y_train, y_test = train_test_split(X, y)
#评估指标
y_pred = model.predict(X_test)
accuracy = accuracy_score(y_test, y_pred)
precision = precision_score(y_test, y_pred)
recall = recall_score(y_test, y_pred)
#错误分析
errors = y_test != y_pred
error_analysis(errors)
#模型可解释性
feature_importances = model.feature_importances_
""", language='python')
```

读者可以运行代码，数据处理选项卡的效果如图 6-7 所示。

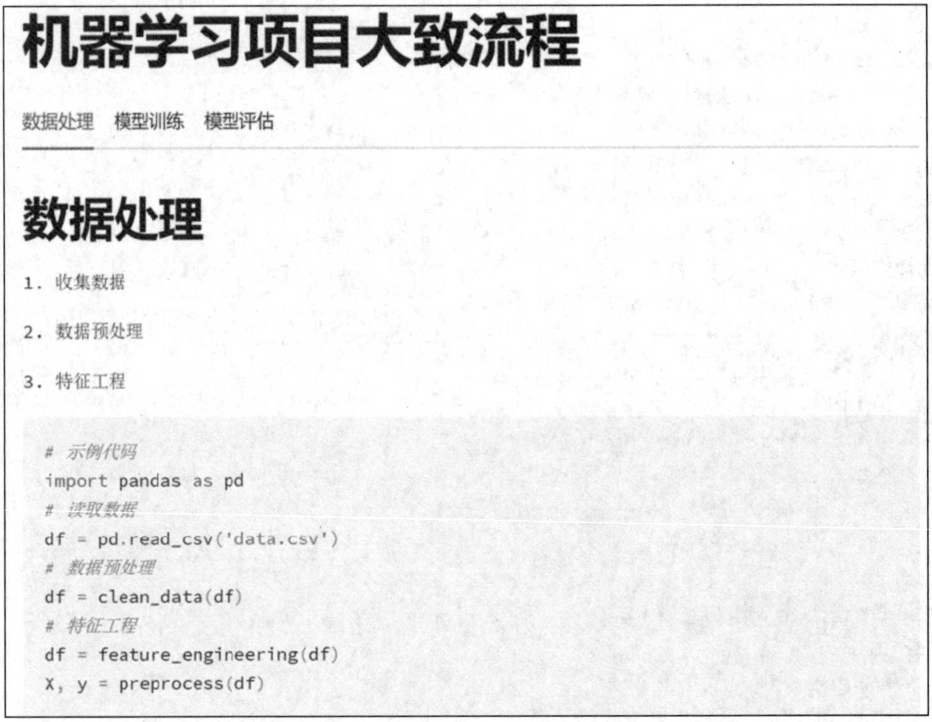

图 6-7　使用选项卡介绍机器学习流程

6.4　扩展器

扩展器是 Web 应用中常见的界面组件，通过扩展器可以将非关键或复杂的内容放在扩展器中隐藏起来，让页面保持简洁和聚焦。使用扩展器允许用户按需展开面板以获取更多相关信息，避免内容过载；此外，还可以创建分层的内容结构，逐步展示详细信息。

Streamlit 库提供了实现扩展器的功能，使用 st.expander()方法可以在 Web 页面上创建扩展器。因为扩展器本质上也是一种容器，所以可以往扩展器里添加各种内容，如代码块、图像、文本等，推荐使用 with 语法进行添加操作，但需要注意的是不可以在扩展器中嵌套扩展器。st.expander ()方法的具体使用说明如下：

```
st.expander(label, expanded=False)
```

（1）label：设置该扩展器的标题。数据类型为字符串型，该参数可以支持部分 Markdown 语法，如粗体、斜体、删除线、内联代码和表情符号。

（2）expanded：扩展器是否为“扩展”状态，默认值为 False，即折叠状态。

6.4.1　使用示例

新建一个名为 expander_example.py 的 Python 文件，整体的思路是在第 1 个示例中创建一个条形图和扩展器，扩展器用来说明图表；在第 2 个示例中将 expanded 参数设置为 True，使扩展器默认为"扩展"状态。整个文件中的代码如下：

```
#第6章/expander_example.py
import streamlit as st

st.subheader("示例1")
st.bar_chart([1, 5, 2, 6, 2, 1])
with st.expander("图表说明"):
    st.write("上面的图表是由 st.bar_chart()方法生成的。使用该方法可以生成条形图")

st.subheader("示例2")
with st.expander("展开状态", expanded=True):
    st.write("默认为展开状态")
```

读者可以运行代码，效果如图 6-8 所示。

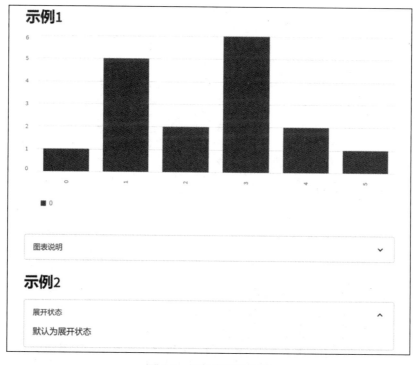

图 6-8　扩展器容器示例

6.4.2　使用扩展器介绍 NumPy 库

新建一个名为 expander_numpy.py 的 Python 文件，整体的思路是创建 3 个扩展器，以此来分层次地介绍 NumPy 库的基本使用。整个文件中的代码如下：

```
#第6章/expander_numpy.py
import streamlit as st

st.title("介绍 NumPy 库的基本使用")
with st.expander("创建数组", expanded=True):
    code = '''
  import numpy as np

  a = np.array([1, 2, 3])
  b = np.array([[1, 2, 3], [4, 5, 6]])
  '''
    st.code(code, language='python')


with st.expander("数组操作"):
    code = '''
  import numpy as np

  a = np.array([1,2,3])
  b = np.array([4,5,6])

  print(a + b)  #数组相加
  print(a - b)  #数组相减
  print(a * b)  #数组相乘
  '''
    st.code(code, language='python')

with st.expander("数学函数"):
    code = '''
  import numpy as np

  a = np.array([1, 2, 3])

  print(np.sin(a))  #正弦函数
  print(np.log(a))  #对数函数
  print(np.sum(a))  #求和
  '''

    st.code(code, language='python')
```

读者可以运行代码，效果如图 6-9 所示。

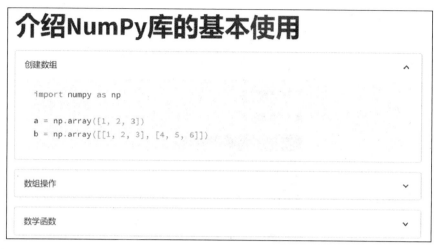

图 6-9　使用扩展器介绍 NumPy 库

5min

6.5　容器

Streamlit 库提供了创建不可见容器的功能，可以使用 st.container()方法创建不可见容器来组织代码块，将相关的代码组合在一起，使代码更具有结构性和可读性。同时，也允许往不可见容器中添加各类元素和组件，推荐使用 with 语法进行添加操作。st.container()方法的具体使用说明如下：

```
st.container()
```

返回值为创建的不可见容器对象。

新建一个名为 container.py 的 Python 文件，整体的思路是创建一个不可见容器，并在该容器的内部添加一些可见的元素和组件，同时也在该容器外部添加一些元素和组件。整个文件中的代码如下：

```
#第 6 章/container.py
import streamlit as st

st.write("第 1 个外部文本")
container = st.container()

#使用点号语法添加元素
container.write("第 1 个内部文本")
#使用 with 语法添加元素
with container:
    st.image('大熊猫图片.jpg',width=300)
    st.button("内部按钮")
```

```
st.write("第2个外部文本")
st.button("外部按钮")
```

读者可以运行代码，效果如图6-10所示。

图 6-10　不可见容器示例

6min

6.6　占位容器

Streamlit 库提供了创建占位容器的功能，可以使用 st.empty()方法创建占位容器。该容器将用于容纳单个元素，后续可以动态地插入、替换和清空元素。可以使用 with 语法或者直接在返回的对象上调用各种方法。st.empty()方法的具体使用说明如下：

```
st.empty()
```

返回值为创建的占位容器对象。

新建一个名为 empty.py 的 Python 文件，整体的思路是创建一个占位容器，随着时间的变化，陆续显示文本元素、折线图、含有文本元素的不可见容器，然后倒计时提醒还有多少秒将清空元素，最后清空元素。整个文件中的代码如下：

```
#第6章/empty.py
import streamlit as st
import time

placeholder = st.empty()

#替换为文本元素
placeholder.text("现在是文本元素")
```

```
time.sleep(2)

#替换为折线图元素
placeholder.line_chart({"data": [1, 5, 2, 6]})
time.sleep(2)
#替换为含有文本元素的不可见容器
with placeholder.container():
    st.write("这是不可见容器内的文本元素")
    code = '''
    #这是不可见容器内的代码块
    import numpy as np

    a = np.array([1, 2, 3])
    b = np.array([[1, 2, 3], [4, 5, 6]])
    '''
    st.code(code, language='python')
time.sleep(2)
with placeholder:
    for seconds in range(5,0,-1):
        st.write(f"还有{seconds}秒⏳, 将清空元素")
        time.sleep(1)

#清空所有元素
placeholder.empty()
```

读者可以运行代码，查看整个 Web 应用的动态变化，部分效果如图 6-11 所示。

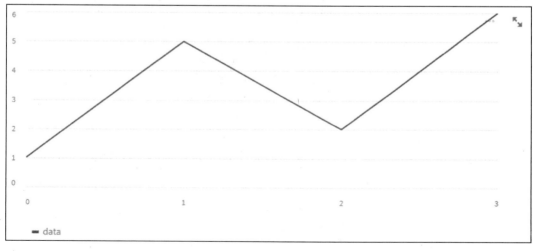

图 6-11 占位容器示例

11min

6.7 多页面应用

当 Web 应用功能变得越来越多且代码量变得越来越大时，将它们组织成多个页面变得很有用。这使 Web 应用更易于开发人员管理，也更易于用户使用和导航。在之前的侧边栏容器学习中，已经讲解过如何通过侧边栏实现多页面应用。除此之外，Streamlit 提供了一种创建多页面 Web 应用的简单方式。只需将多个页面按照一定的目录结构组织，页面列表会自动显示在 Web 应用左侧一个漂亮的导航组件中，单击某个页面将导航到对应的页面中。

只需将多个页面按照如下的方式进行组织，便可以创建多页面 Web 应用。

```
home.py  #这个是主页，将使用"streamlit run"运行
└──── pages/
      └──── 1_numpy_intro.py #这是第 1 个子页面
      └──── 2_panda_intro.py #这是第 2 个子页面
      └──── 3_sklearn_intro.py #这是第 3 个子页面
```

创建一个文件夹并命名为 multiple_page_prj，在此文件夹下创建一个名为 home.py 的 Python 文件和一个名为 pages 的文件夹，其中 home.py 文件将作为主页，之后将使用 streamlit run 命令运行，而 pages 文件夹下将用来存放子页面。接着在 pages 文件夹下，创建 3 个名字分别为 1_numpy_intro.py、2_panda_intro.py 和 3_sklearn_intro.py 的 Python 文件，这 3 个文件将作为子页面。

home.py 文件的代码如下：

```
#第 6 章/multiple_page_prj/home.py
import streamlit as st

st.title("这里是主页")
st.write("这个页面来自home.py 文件，你可单击左侧↰的页面，导航到相应的页面")

st.write("这是一个多页面的Web 应用，在本应用中你可以学到 3 个库的基本使用")
```

1_numpy_intro.py 文件的代码如下：

```
#第 6 章/multiple_page_prj/pages/1_numpy_intro.py
import streamlit as st

st.title("这里是子页面")

st.write("这个页面来自☺1_numpy_intro.py 文件，你可单击左侧↰的页面，导航到相应的页面")
code = '''
import numpy as np
```

```
arr = np.random.randn(5, 5)

print(arr)
print(arr.shape)
print(np.mean(arr))
'''
st.code(code, language='python')
```

2_pandas_intro.py 文件的代码如下:

```
#第6章/multiple_page_prj/pages/2_pandas_intro.py
import streamlit as st

st.title("这里是子页面")
st.write("这个页面来自☺2_pandas_intro.py 文件,你可单击左侧↰的页面,导航到相应的
页面")

code = '''
import pandas as pd

df = pd.DataFrame({
  'Name': ['John', 'Mary', 'Peter','Jeff'],
  'Age': [28, 32, 25, 19]
})

print(df)
print(df['Name'])
'''
st.code(code, language='python')
```

3_sklearn_intro.py 文件的代码如下:

```
#第6章/multiple_page_prj/pages/3_sklearn_intro.py
import streamlit as st

st.title("这里是子页面")
st.write("这个页面来自☺3_sklearn_intro.py 文件,你可单击左侧↰的页面,导航到相应
的页面")

code = '''
from sklearn.linear_model import LinearRegression

#生成数据
X = [[1], [2], [3]]
y = [1, 2, 3]
```

```
#模型训练
model = LinearRegression()
model.fit(X, y)

#预测
print(model.predict([[4]]))
'''

st.code(code, language='python')
```

读者可以运行代码，查看多页面 Web 应用，主页效果如图 6-12 所示，子页面效果如图 6-13 所示。

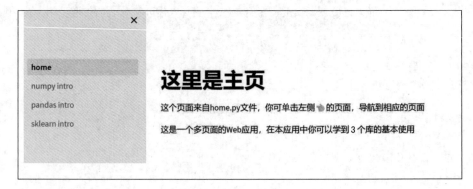

图 6-12　多页面 Web 应用主页

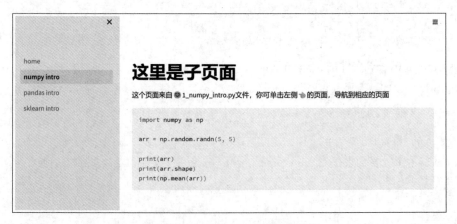

图 6-13　多页面 Web 应用子页面

状态显示、流程控制
及高级特性

本章将介绍 Streamlit 库的状态显示、流程控制及高级特性。其中，合理的状态显示可以减少用户迷惑，明确当前应用的状态，引导用户做出正确操作，减少认知负载，提高 Web 应用的友好性和可用性；流程控制可以加强 Web 应用的安全性，按条件执行不同的代码块；高级特性可以修改 Web 应用的默认设置，并通过缓存技术提高 Web 应用的性能。

7.1 状态显示

根据 Web 应用的各种状态，Streamlit 提供了一系列的状态显示组件，它们用于动态地提醒用户当前的状态。

7.1.1 进度条组件

8min

st.progress()方法可以在 Web 应用中显示进度条，用于展示任务的进度。具体的使用说明如下：

```
st.progress(value, text=None)
```

（1）value：设置进度条的长度，即进度值。数据类型为整型或者浮点型，如果是整型，则该值应在 0～100；如果是浮点型，则该值应在 0.0～1.0。

（2）text：设置该进度条上方的文本。数据类型为字符串型，该参数可以支持部分 Markdown 语法，如粗体、斜体、删除线、内联代码和表情符号。

新建一个名为 progress.py 的 Python 文件，整体的思路是通过进度条模拟两段不同进度的程序，其中第 1 段程序的进度较慢，而第 2 段程序的进度较快。整个文件中的代码如下：

```
#第7章/progress.py
import streamlit as st
import time
```

```
st.header("进度条示例")
#设置初始状态
progress_text_1 = "程序正在处理中，请稍等"
my_bar = st.progress(0, text=progress_text_1)
time.sleep(0.5)

#第1个过程，时间间隔为0.1s，进度较慢
for percent in range(80):
    time.sleep(0.1)
    my_bar.progress(percent + 1, text=f'{progress_text_1},当前进度{percent}%:
hourglass:')

#第2个过程，时间间隔为0.05s，进度较快
for percent in range(80,100):
    time.sleep(0.05)
    my_bar.progress(percent + 1, text=f'程序马上就要完成了，当前进度{percent}%:
laughing:')
```

读者可以运行代码，效果如图 7-1 所示。

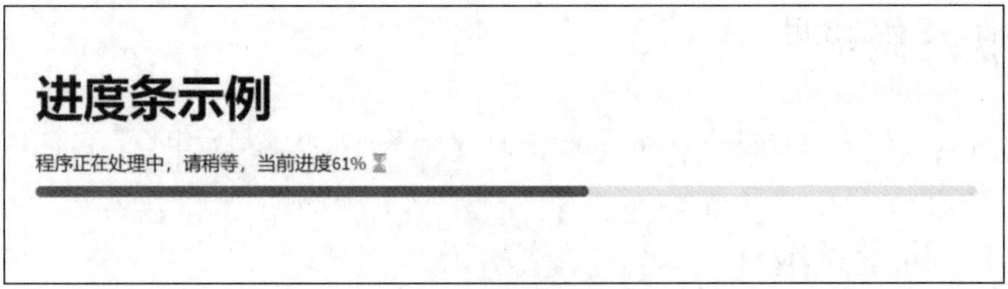

进度条示例

程序正在处理中，请稍等，当前进度61% ⌛

图 7-1　进度条组件示例

3min

7.1.2　旋转等待组件

st.spinner()方法可以在 Web 应用中创建旋转等待组件，用于提示用户有任务或代码正在执行中，当任务或代码执行完成后，将会自动消失。具体的使用说明如下：

```
st.spinner(text="In progress...")
```

text：设置该旋转等待右侧的文本。数据类型为字符串型，默认为 in progress…字符串。该参数可以支持部分 Markdown 语法，如粗体、斜体、删除线、内联代码和表情符号。

新建一个名为 spinner.py 的 Python 文件，整体的思路是通过旋转等待组件模拟有任务正在执行，当 5s 过后，旋转等待组件将消失，并用 st.write()显示成功的信息。整个文件中的代码如下：

```
#第7章/spinner.py
import time
```

```
import streamlit as st

st.title("旋转等待组件")
with st.spinner('请耐心等待:hourglass:'):
    time.sleep(5)
st.write("感谢你的耐心等待，任务已完成！")
```

读者可以运行代码，效果如图 7-2 所示。

图 7-2 旋转等待组件示例

7.1.3 错误信息框

st.error()方法可以在 Web 应用中创建红色的错误信息框，用于提示用户有任务或代码已经发生错误，具体的使用说明如下：

```
st.error(body, *, icon=None)
```

（1）body：设置需要展示的错误信息。数据类型为字符串型。

（2）icon：设置错误信息框的图标，默认为 None，没有图标，该参数为可选参数。如需设置图标，则必须是单个表情，如 🚨，不支持表情符号短代码。

新建一个名为 error.py 的 Python 文件，整体的思路是通过直接设置 body 参数或者利用 Python 异常处理语句生成错误信息，其中异常处理是零作为除数的异常和抛出自定义的异常。整个文件中的代码如下：

```
#第 7 章/error.py
import streamlit as st

st.title("错误信息框")
#不可以使用表情符号短代码
st.error('程序运行出错了', icon="🚨")
st.error('程序运行又出错了')

#捕捉零作为除数的异常
try:
    div = 1/0
except ZeroDivisionError as e:
    st.error(e)
```

```
#捕捉自定义抛出的异常
try:
    raise Exception("程序错了,这是一个自定义的异常")
except Exception as e:
    st.error(e)
```

读者可以运行代码,效果如图7-3所示。

图 7-3　错误信息框示例

7.1.4　警告信息框

st.warning()方法可以在 Web 应用中创建黄色的警告信息框,用于警告用户有任务或代码发生问题,需要引起注意,具体的使用说明如下:

```
st.warning(body, *, icon=None)
```

(1)body:设置需要展示的警告信息。数据类型为字符串。

(2)icon:设置警告信息框的图标,默认为 None,没有图标,该参数为可选参数。如需设置图标,则必须是单个表情,如 ⚠,不支持表情符号短代码。

新建一个名为 warning.py 的 Python 文件,整体的思路是通过直接设置 body 参数或 icon 参数生成警告信息。整个文件中的代码如下:

```
#第7章/warning.py
import streamlit as st

st.warning("警告信息框")
#不可以使用表情符号短代码
st.warning('程序出现问题,可能导致程序错误,请注意', icon="⚠")
st.warning('程序又出现问题,可能导致程序错误,请注意')
```

读者可以运行代码,效果如图7-4所示。

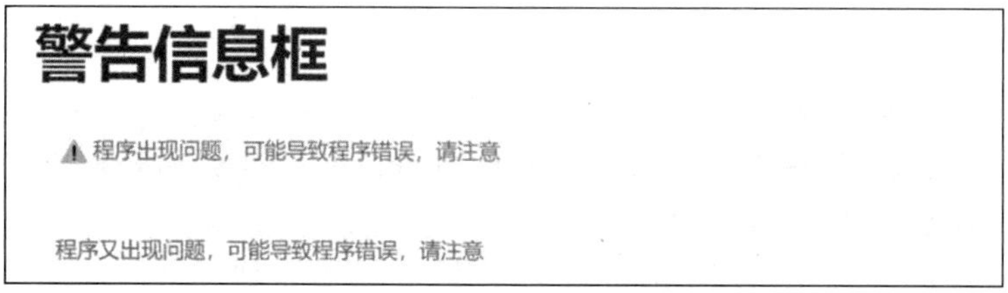

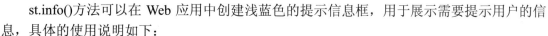

图 7-4 警告信息框示例

7.1.5 提示信息框

st.info()方法可以在 Web 应用中创建浅蓝色的提示信息框,用于展示需要提示用户的信息,具体的使用说明如下:

```
st.info(body, *, icon=None)
```

(1) body:设置需要展示的提示信息。数据类型为字符串型。

(2) icon:设置提示信息框的图标,默认为 None,没有图标,该参数为可选参数。如需设置图标,则必须是单个表情,如 🐻,不支持表情符号短代码。

新建一个名为 info.py 的 Python 文件,整体的思路是通过直接设置 body 参数或 icon 参数生成提示信息。整个文件中的代码如下:

```
#第7章/info.py
import streamlit as st

st.title("提示信息框")
#不可以使用表情符号短代码
st.info('这是一个带有图标的提示信息框', icon="🐻")
st.info('这也是一个提示信息框')
```

读者可以运行代码,效果如图 7-5 所示。

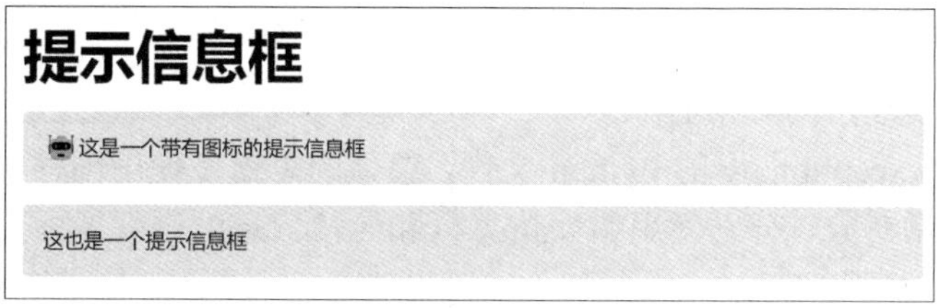

图 7-5 提示信息框示例

7.1.6 成功信息框

st.success()方法可以在 Web 应用中创建绿色的成功信息框,用于向用户呈现操作成功或任务完成的状态,具体的使用说明如下:

```
st.success(body, *, icon=None)
```

（1）body：设置需要展示的成功信息。数据类型为字符串型。

（2）icon：设置成功信息框的图标，默认为 None，没有图标，该参数为可选参数。如需设置图标，则必须是单个表情，如☑，不支持表情符号短代码。

新建一个名为 success.py 的 Python 文件，整体的思路是通过直接设置 body 参数或 icon 参数生成成功信息。整个文件中的代码如下：

```
#第 7 章/success.py
import streamlit as st

st.title("成功信息框")
#不可以使用表情符号短代码
st.success('这是一个带有图标的成功信息框', icon="☑")
st.success('这也是一个成功信息框')
```

读者可以运行代码，效果如图 7-6 所示。

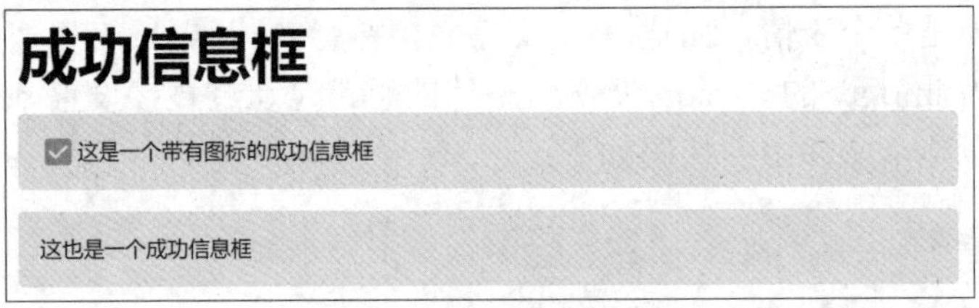

成功信息框

☑ 这是一个带有图标的成功信息框

这也是一个成功信息框

图 7-6　成功信息框示例

3min

7.1.7　异常信息框

st.exception()方法可以在 Web 应用中创建红色的异常信息框。与错误信息框相比，异常信息框可提供详细的异常信息和调用栈情况。具体的使用说明如下：

```
st.exception(exception)
```

exception：需要展示的异常对象。

新建一个名为 exception.py 的 Python 文件，整体的思路是使用同样的代码，让零作为除数，产生相同的异常对象，分别使用错误信息框和异常信息框进行展示，方便对比学习和理解。整个文件中的代码如下：

```
#第 7 章/exception.py
st.header("错误信息框")
#捕捉零作为除数的异常
try:
    div = 1/0
except ZeroDivisionError as e:
```

```
    st.error(e)

st.header("异常信息框")

#捕捉零作为除数的异常
try:
    div = 1/0
except ZeroDivisionError as e:
    st.exception(e)
```

读者可以运行代码，可以看到异常信息框提供了较为详细的异常信息和追踪回溯，方便开发者进行调试纠错。效果如图 7-7 所示。

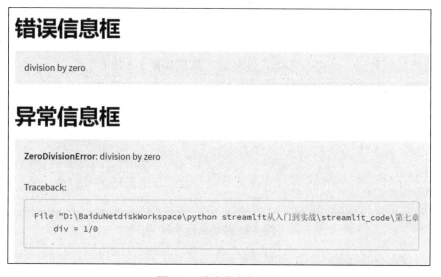

图 7-7 异常信息框示例

7.2 控制流程

在默认情况下，Streamlit 应用程序会按顺序地完成整个 Python 文件的执行，但有时需要对执行流程进行控制。Streamlit 库提供了一些这样的功能来方便用户使用。

7.2.1 停止执行

Streamlit 库可以使用 st.stop()方法来停止执行 Python 文件。当 Python 文件按照顺序执行遇到 st.stop()方法时，代码将立即停止执行，其后面的代码将不会被执行。

新建一个名为 stop.py 的 Python 文件，整体的思路是使用单行文本输入框获取用户输入的姓名，如果用户没有输入姓名，则程序将立即停止执行并警告用户，否则将通过成功信息框提示用户。整个文件中的代码如下：

```
#第7章/stop.py
import streamlit as st

#将单行文本的值赋值给 name 变量
name = st.text_input('姓名')
#判断 name 变量是否为空
if not name:
    #如果用户未输入姓名，name 变量为空字符串，则 not name 的值将为 True
    #警告用户需要输入姓名
    st.warning('请输入姓名！')
    #停止执行
    st.stop()
#name 不是空字符串，用成功信息框提示用户
st.success('非常感谢！你按要求输入了姓名')
```

读者可以运行代码，当用户未输入姓名时，效果如图 7-8 所示。

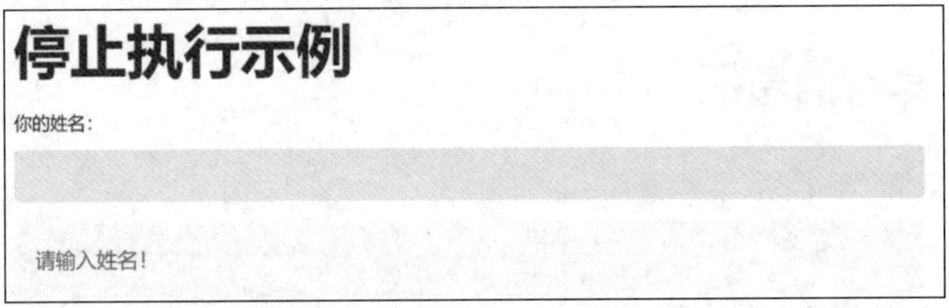

停止执行示例

你的姓名：

请输入姓名！

图 7-8　停止执行示例

7.2.2　提交表单

表单是 Web 应用中非常常见和重要的一个组件，用于收集用户输入的数据和信息，如注册信息、登录信息等。

Streamlit 库使用 st.form()方法创建一个表单，使用 st.form_submit_button()方法创建一个表单提交按钮，需要通过表单和表单提交按钮才能完成提交表单操作。这里的表单实际上是一种容器，它可以包含其他输入类的组件或元素。当单击表单提交按钮时，表单内的输入类组件或元素的值将批量地被发送到服务器端。

像其他容器对象一样，可以使用点号语法和 with 语法往表单中添加组件或元素，但是有 3 点需要注意：一是每个表单必须有一个表单提交按钮；二是不可以将普通按钮和下载按钮添加到表单中；三是不可以嵌套表单。

st.form()方法具体的使用说明如下：

```
st.form(key, clear_on_submit=False)
```

（1）key：标识该表单的字符串。每个表单必须设置该参数。该参数不会在 Web 应用界

面中显示。

（2）clear_on_submit：设置是否提交后清空表单，默认值为 False，即不清空。如果值为 True，则在用户按下提交按钮后，表单内的所有组件或元素都将被重置为默认值。

（3）返回值：创建的表单对象。

st.form_submit_button()方法的具体使用说明如下：

```
st.form_submit_button(label="Submit", help=None, on_click=None, args=None,
kwargs=None, *, type="secondary", disabled=False,
use_container_width=False)
```

（1）label：向用户解释此按钮用途的简短标签。数据类型为字符串型，默认为 Submit。

（2）help：可选的工具提示。当鼠标经过按钮时将显示在按钮的上方，默认为 None，表示没有工具提示。

（3）on_click：设置单击该组件的回调函数或方法，默认为 None。

（4）args：传递给 on_click 参数对应回调函数或方法的位置参数元组，默认为 None。

（5）kwargs：传递给 on_click 参数对应回调函数或方法的关键字参数字典，默认为 None。

（6）type：可选参数，用于指定按钮类型的字符串。对于带有额外强调样式的按钮应该是 primary，对于普通样式的按钮应该是 secondary。该参数只能由关键字传入，默认值为 secondary。

（7）disabled：是否将该组件设置为禁用状态，默认值为 False，是可用状态。

（8）use_container_width：是否将数据框的宽度设置为父容器的宽度，默认值为 False，不设置。

（9）返回值：该按钮是否被单击，单击了为 True，否则为 False。

新建一个名为 form.py 的 Python 文件，整体的思路是先创建一个表单，然后添加数值滑块组件、勾选按钮和表单提交按钮，接着检测是否单击了表单提交按钮，如果已单击，则显示数值滑块组件和勾选按钮的值。整个文件中的代码如下：

```
#第7章/form.py
import streamlit as st

st.title("提交表单示例")
with st.form("my_form"):
    st.write("这是在表单内")
    slider_val = st.slider("表单内的数值滑块组件")
    checkbox_val = st.checkbox("表单内的勾选按钮")

    #注意：每个表单内都需要有一个表单提交按钮
    submitted = st.form_submit_button("提交")
    if submitted:
```

```
        st.write("数值滑块组件的值", slider_val, "勾选按钮的值", checkbox_val)

   st.write("这个不在表单内")
```

读者可以运行代码，效果如图 7-9 所示。

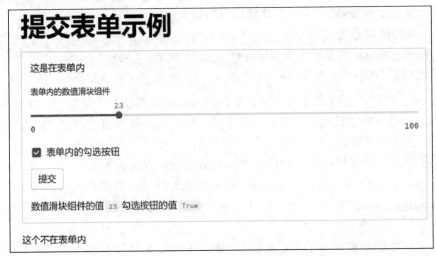

图 7-9　提交表单示例

7.3　高级特性

本节将介绍 Streamlit 库中可用的高级特性和一些实验性功能。实验性功能及其对应的 API 可能会在后续的版本中删除或修改，以 st.experimental_ 开始的方法都是实验性功能。

▶ 9min

7.3.1　页面设置

使用 st.set_page_config()方法可以修改默认的页面设置，如更改页面的标题、图标、布局方式、侧边栏的初始状态、右侧菜单栏的设置等。

注意：如修改页面设置，st.set_page_config()方法必须是第 1 个使用的 Streamlit 方法，而且只允许设置一次。

st.set_page_config()方法具体的使用说明如下：

```
   st.set_page_config(page_title=None,  page_icon=None,  layout="centered",
initial_sidebar_state="auto", menu_items=None)
```

（1）page_title：设置页面标题。其将显示在浏览器选项卡上。如果为 None，则默认为 Python 文件的文件名，如 app.py 将显示 app・Streamlit。

（2）page_icon：设置页面图标。除了可以设置 st.image()支持方法的类型，还可以支持表情符号作为单字符串（如🦈）或表情短代码（:shark:）。

（3）layout：设置页面内容的布局，默认为 centered，即所有元素呈现在中间，还可以设置为 wide，即使用整个屏幕。

（4）initial_sidebar_state：设置侧边栏的初始状态，默认为 auto，在移动设备上隐藏侧边栏，而在计算机上则会被显示出来。如果设置为 expanded，则初始状态为显示；如果设置为 collapsed，则初始状态为隐藏状态。

（5）menu_items：设置右上角菜单栏要显示的菜单项。数据类型为字典类型，该字典中的键表示要配置的菜单项。可以设置的键为 Get help、Report a Bug 或 About，如设置的键为 Get help，值可以是字符串类型或者 None。如果是字符串类型，则必须是一个 URL 路径或邮箱地址（如 mailto:847854712@qq.com）。如果为 None，则隐藏菜单项。

新建一个名为 page_config.py 的 Python 文件，整体的思路是通过设置 st.set_page_config() 方法的各个参数，修改默认的页面设置。创建一个侧边栏以体现 initial_sidebar_state 参数的作用，创建一个 Markdown 语法块以展示元素并说明各个参数的设置情况。整个文件中的代码如下：

```python
#第7章/page_config.py
import streamlit as st

st.set_page_config(
    page_title="机器学习 Web 应用",  #页面标题
    page_icon=":shark:",  #页面图标
    layout="wide",   #将布局设置为整个页面
    initial_sidebar_state="expanded",  #初始状态侧边栏
    menu_items={
        'Get Help': 'mailto:847854712@qq.com',
        'Report a Bug': None,
        'About': "#机器学习 Web 应用介绍",
    }
)
st.title("修改页面设置")
#使用 with 语法，创建侧边栏
with st.sidebar:
    add_radio = st.radio(
        "你喜欢 Streamlit 吗？",
        ("是的，很喜欢", "不，不喜欢")
    )


st.markdown("""
* 将页面标题设置为"机器学习 Web 应用"
* 将页面图标设置为":shark:"
* 将页面布局设置为 wide
```

```
    * 将侧边栏显示设置为 expanded
    * 菜单栏
        * 将 Get Help 设置为邮箱地址
        * 将 Report a Bug 设置为不显示
        * 将 About 设置为"机器学习 Web 应用介绍"
""")
```

读者可以运行代码，效果如图 7-10 所示。

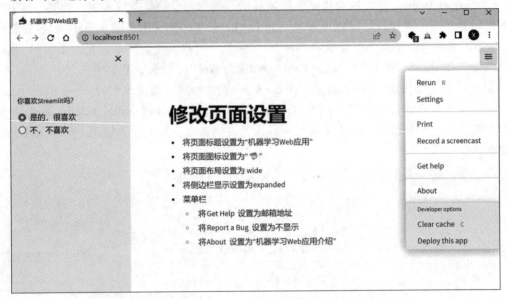

图 7-10　修改页面设置示例

7.3.2　回显代码

6min

使用 st.echo()方法配合 with 语法可以回显应用内的代码。工作顺序是首先会执行应用内的代码，然后回显代码。回显的输出形式是以代码块的样式进行回显。

注意： 一个 Python 文件内可以设置多个回显代码，可以根据需求自行设置。

st.echo()方法的具体使用说明如下：

```
st.echo(code_location="above")
```

code_location：设置回显代码块的位置，默认为 above，即在执行代码之后回显的代码块将显示在上面。还可以设置为 below，即回显的代码块将显示在下面。

新建一个名为 echo.py 的 Python 文件，整体的思路是先将含有 st.stop()方法的代码放置在 with 语法下面，方便读者体会到代码是先执行，然后回显，再通过设置 code_location 参数将回显代码块的位置设置为下面，最后有部分代码不在 with 语法下面，这部分代码会执行但不会回显出来。整个文件中的代码如下：

```
#第7章/echo.py
import streamlit as st

st.title("回显代码示例")
with st.echo(code_location='below'):
    #在 with 语法缩进里的代码会回显出来
    #将单行文本的值赋值给 name 变量
    name = st.text_input('你的姓名：')
    #判断 name 变量是否为空
    if not name:
        #如果用户未输入姓名，name 变量为空字符串，not name 的值将为 True
        #警告用户需要输入姓名
        st.warning('请输入姓名！')
        #停止执行
        st.stop()
    #name 不是空字符串，用成功信息框提示用户
    st.success('非常感谢！你按要求输入了姓名')

#这里的代码会执行，但不会回显
st.write('代码会执行，但不会回显')
```

读者可以运行代码，只有在填写姓名后，才会回显代码。效果如图 7-11 所示。

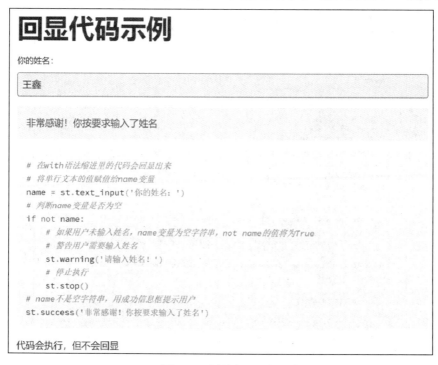

图 7-11　回显代码示例

15min

7.3.3 显示帮助信息

使用 st.help()方法可以显示给定对象的帮助和其他信息，根据传入的对象类型会显示该对象的名称、类型、值、说明文档和成员变量、方法，以及成员的值等帮助信息。

st.help()方法的具体使用说明如下：

```
st.help(obj=)
```

obj：设置需要展示帮助信息的对象。如果未设置，则将显示 Streamlit 库的帮助信息和说明。

1. 显示 Streamlit 库的帮助信息

新建一个名为 help_streamlit.py 的 Python 文件，整体的思路是不设置 obj 参数的值，将显示 Streamlit 库的帮助信息。整个文件中的代码如下：

```
#第 7 章/help_streamlit.py
import streamlit as st

st.title('显示 Streamlit 库的帮助信息')
#不设置 obj 参数
st.help()
```

读者可以运行代码，效果如图 7-12 所示。

显示Streamlit库的帮助信息

```
module streamlit

Streamlit.

How to use Streamlit in 3 seconds:

    1. Write an app
    >>> import streamlit as st
    >>> st.write(anything_you_want)

    2. Run your app
    $ streamlit run my_script.py

    3. Use your app
    A new tab will open on your browser. That's your Streamlit app!

    4. Modify your code, save it, and watch changes live on your browser.

Take a look at the other commands in this module to find out what else
Streamlit can do:

    >>> dir(streamlit)
```

| experimental_user | UserInfoP | <streamlit.user_info.UserInfoProxy object at 0x000001F7C17DEDA0> |

图 7-12　显示 Streamlit 库的帮助信息

2. 显示数据框的帮助信息

新建一个名为 help_dataframe.py 的 Python 文件，整体的思路是先使用 NumPy 库生成随机数据，然后使用 Pandas 库创建数据框，最后将创建的数据框传递给 st.help()方法的 obj 参数，用来显示数据框的帮助信息。整个文件中的代码如下：

```python
#第7章/help_dataframe.py
import streamlit as st
import pandas as pd
import numpy as np

st.title('显示数据框的帮助信息')

df = pd.DataFrame(
    np.random.randn(3, 4),
    columns=('列%d' % i for i in range(4)))
st.help(df)
```

读者可以运行代码，显示数据框的帮助信息。效果如图 7-13 所示。

3. 显示自定义函数的帮助信息

新建一个名为 help_function.py 的 Python 文件，整体的思路是先自定义一个求两个数的平方和的函数，然后使用 st.help()方法显示函数的帮助信息。整个文件中的代码如下：

```python
#第7章/help_function.py
import streamlit as st

st.title('显示自定义函数的帮助信息')

def square_sum(num1, num2):
    """
    计算两个数的平方和

    参数:
     - num1: 第1个数
     - num2: 第2个数

    返回值:
     - num1 和 num2 平方和的结果
    """
    #各自计算平方
    square1 = num1 ** 2
    square2 = num2 ** 2
    #返回两数平方和
    return square1 + square2
```

显示数据框的帮助信息

df DataFrame 列0 列1 列2 列3 0 -0.205093 -0.692507 0.908027 -0.385698 1 -0.739577
0.572874 -0.876433 -0.496155 2 -1.657568 -0.094306 0.908596 -1.344842

Two-dimensional, size-mutable, potentially heterogeneous tabular data.

Data structure also contains labeled axes (rows and columns).
Arithmetic operations align on both row and column labels. Can be
thought of as a dict-like container for Series objects. The primary
pandas data structure.

Parameters
----
data : ndarray (structured or homogeneous), Iterable, dict, or DataFrame
    Dict can contain Series, arrays, constants, dataclass or list-like objects. I
    data is a dict, column order follows insertion-order. If a dict contains Seri
    which have an index defined, it is aligned by its index.

    .. versionchanged:: 0.25.0
        If data is a list of dicts, column order follows insertion-order.

index : Index or array-like
    Index to use for resulting frame. Will default to RangeIndex if
    no indexing information part of input data and no index provided.
columns : Index or array-like

T property	Property attribute.
at property	Access a single value for a row/column label pair.
attrs property	Dictionary of global attributes of this dataset.

图7-13 显示数据框的帮助信息

```
st.help(square_sum)
```

读者可以运行代码,显示自定义函数的帮助信息。效果如图7-14所示。

4. 显示自定义类和对象的帮助信息

新建一个名为 help_class_obj.py 的 Python 文件,整体的思路是先自定义一个描述人的
Person 类,然后根据 Person 类创建两个对象,然后使用 st.help()方法显示自定义类和对象的
帮助信息。整个文件中的代码如下:

```
#第7章/help_class_obj.py
import streamlit as st
```

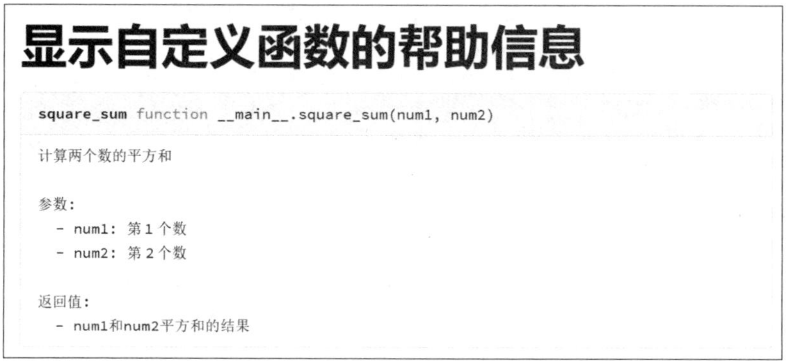

显示自定义函数的帮助信息

```
square_sum function __main__.square_sum(num1, num2)
```

计算两个数的平方和

参数：
　　- num1：第 1 个数
　　- num2：第 2 个数

返回值：
　　- num1和num2平方和的结果

图 7-14　显示自定义函数的帮助信息

```python
#定义 Person
class Person:
    """一个简单的描述人的类"""

    def __init__(self, name, age):
        """Person 类的初始化方法

        参数：
            name (str)：名字
            age (int)：年龄
        """
        self.name = name
        self.age = age

    def walk(self):
        """散步的方法

        打印一个字符串，包含该对象的名字
        """
        print(f'{self.name}正在散步')


st.title('显示自定义类和对象的帮助信息')
#根据 Person 类创建两个对象
p_1 = Person('王鑫', 27)
p_2 = Person('Bob', 26)

st.subheader("显示 Person 类的帮助信息")
st.help(Person)
st.subheader("显示 p_1 对象的帮助信息")
```

```
st.help(p_1)
st.subheader("显示p_2对象的帮助信息")
st.help(p_2)
```

读者可以运行代码，显示自定义类和对象的帮助信息，可以看到根据 Person 类生成的对象的帮助信息，不仅包含了 Person 类的帮助信息，还可以看到该对象的成员变量及其对应的值。效果如图 7-15 所示。

显示自定义类和对象的帮助信息

显示Person类的帮助信息

Person class __main__.Person(name, age)	
一个简单的描述人的类	
walk function	散步的方法

显示 p_1对象的帮助信息

p_1 Person <__main__.Person object at 0x0000022588E33310>	
一个简单的描述人的类	
age int	27
name str	'王鑫'
walk method	散步的方法

显示p_2对象的帮助信息

p_2 Person <__main__.Person object at 0x0000022588E32F50>	
一个简单的描述人的类	
age int	26
name str	'Bob'
walk method	散步的方法

图 7-15　显示自定义类和对象的帮助信息

18min

7.3.4　会话状态

会话状态（Session State）是一种在每个用户会话的重新运行之间共享变量的方法。除了基础的存储会话状态之外，Streamlit 库还提供了使用回调的方式来操作会话状态的功能。会话状态也可以在多页 Web 应用内的页面之间持续存在。Streamlit 库中的会话状态被存储在一个类似于 Python 字典的键-值对中。

使用 st.session_state 的命令进行初始化、读取、修改和删除会话状态的数据。

1. 初始化会话状态的值

在 Streamlit 库中，初始化会话状态有两种方法，第 1 种方法是通过类似 Python 字典的语法进行初始化，第 2 种方法是通过类似设置对象属性的语法进行初始化，代码如下：

```python
#通过类似字典的语法进行初始化
if 'key' not in st.session_state:
    st.session_state['key'] = 'value'

#通过类似设置对象属性的语法进行初始化
if 'key' not in st.session_state:
    st.session_state.key = 'value'
```

2. 读取会话状态中的值

代码如下：

```python
#使用 st.write 展示会话状态中 key 的值
#第 1 种方法
st.write(st.session_state['key'])

#第 2 种方法
st.write(st.session_state.key)
```

3. 显示整个会话状态

代码如下：

```python
#使用 st.write()方法显示整个会话状态
#结果类似字典
st.write(st.session_state)
```

4. 修改会话状态中的值

代码如下：

```python
#第 1 种方法
st.session_state['key'] = 'value1'

#第 2 种方法
st.session_state.key = 'value1'
```

5. 删除会话状态中的信息

代码如下：

```python
#删除单个键-值对
del st.session_state[key]

#通过遍历删除所有的键-值对
for key in st.session_state.keys():
```

```
del st.session_state[key]
```

也可以通过单击右上角菜单栏中的 Clear cache 进行清除，如图 7-16 所示。

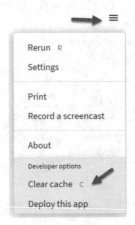

图 7-16   清空会话状态

6. 组件或元素与会话状态关联

在之前学过的各种组件或元素中，其创建方法有 key 参数的都可以自动关联到会话状态中，代码如下：

```
st.text_input("姓名：", key="name")
st.checkbox('是否同意我们的用户协议', key="check")

#name 和 check 将作为键，其结果将对应作为值，存放在会话状态中
st.session_state.name
st.session_state["check"]
```

7. 使用回调函数来更新会话状态

Python 中的回调函数（callback）指的是将一个函数作为参数传递给另一个函数或者方法，然后在这个函数或方法的内部调用所传入的函数。回调函数实际上就是 Python 的一个函数。在之前学过的各种组件或元素中，其创建方法有 onchage 或 onclick 参数的可以用来传入回调函数。当组件或元素关联会话状态并设置回调函数时，当响应事件发生时，首先会更新会话状态，然后执行回调函数，最后按照从上到下的顺序执行代码。

新建一个名为 session_state_callback.py 的 Python 文件，整体的思路是创建一个勾选按钮，此按钮同时设置了 key 和 onchange 参数，用来验证执行顺序。整个文件中的代码如下：

```
#第 7 章/session_state_callback.py
import streamlit as st
#定义回调函数
def my_callback():
    st.write('回调函数中的打印')
```

```
        st.write(st.session_state['check'])
    #将 key 参数设置为 check，将 onchage 参数设置为 my_callback
    check_res = st.checkbox('是否同意我们的用户协议', key="check", on_change=
my_callback)


    if check_res:
        st.write('你选择了同意')
```

读者可以运行代码，单击勾选按钮，以便加强理解。效果如图 7-17 所示。

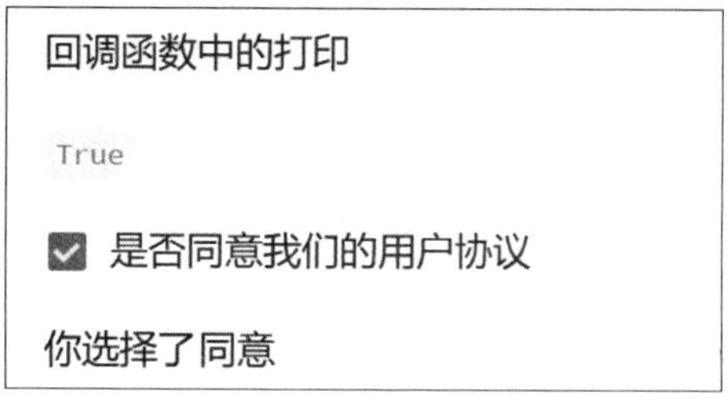

图 7-17　会话状态与回调函数

7.3.5　优化性能

Streamlit 库为数据和全局资源提供了强大的缓存功能，即使在从网络加载数据、操作大型数据集或执行花费较多的计算时，它们也可以让 Web 应用保持高性能。

1. 缓存数据的函数装饰器

st.cache_data()方法是用于缓存返回数据的函数的装饰器，例如数据框的转换、数据库的查询和机器学习的推理等。当一个函数被该方法装饰后，如果需要清除之前的缓存结果，则可以使用 "函数名.clear()" 清除，或者使用 st.cache_data.clear()清除全部缓存结果。具体使用说明如下：

```
    st.cache_data(func=None, *, ttl, max_entries, show_spinner, persist,
experimental_allow_widgets)
```

（1）func：用于装饰需要被缓存的函数。Streamlit 会计算这些被装饰函数的源代码的哈希值，此哈希值会作为缓存的键值，用于查找和存储缓存数据。如果源码没有修改，则哈希值就不变，Streamlit 可以利用这个哈希值快速查找已有的缓存结果。如果源码修改了，则哈希值就会变化，之前的缓存会失效，Streamlit 会重新运行函数代码来生成新的缓存。这样就可以通过函数源码哈希值的变化来智能地判断缓存是否有效，避免返回过时的缓存结果。

（2）ttl：在缓存中保留结果的最大秒数，默认为 None，即永不过期。ttl 参数与 persist 参数矛盾，如果指定 persist 参数，则 ttl 参数将被忽略。该参数的数据类型还可以为浮点型或者 timedelta 类型，用于指定最大秒数。

（3）max_entries：设置缓存中保留的最大条目数，默认为 None，即无上限。该参数的数据类型还可以为整型，即设置最大条目数，此时，当新条目添加到最大数量时，最旧的缓存条目将被删除。

（4）show_spinner：当生成缓存数据或者缓存数据丢失时，是否显示旋转等待组件。默认值为 True，即当发生上述情况时显示。如果值为 False，则不显示。如果参数为字符串，则将用于旋转等待组件的 text 参数。

（5）persist：设置保存缓存的位置。如果设置为 disk 或者 True，则将保存到本地磁盘上。如果设置为 None 或者 False，则不保存。

（6）experimental_allow_widgets：设置是否允许在缓存函数中使用组件或元素。默认值为 False，即不允许，该参数为实验性功能，可能随时删除或者修改，建议保持默认值。

2. 生成模拟数据

新建一个名为 generate_csv_data.py 的 Python 文件，整体的思路是先通过 NumPy 库生成 1000 行 3 列的随机数据，然后利用 Pandas 库写入 CSV 文件中，方便之后模拟读取大型数据集时使用。整个文件中的代码如下：

```python
#第7章/generate_csv_data.py

import numpy as np
import pandas as pd

#生成1000行3列的随机数组
data = np.random.randint(0, 100, size=(1000, 3))

#将数组转换为 DataFrame
df = pd.DataFrame(data, columns=['A', 'B', 'C'])

#将 DataFrame 保存为 CSV 文件
df.to_csv('big_data1.csv', index=False)

#df.to_csv('big_data2.csv', index=False)
```

读者应运行代码来生成模拟数据，第 1 次可以直接运行生成 big_data1.csv 文件，然后按快捷键 Ctrl+C 停止应用，接着更改代码，将第 1 个 df.to_csv()方法所在行注释掉，同时取消注释第 2 个 df.to_csv()方法所在的行，然后保存并再次运行，从而生成 big_data2.csv。第 1 次运行成功的效果如图 7-18 所示。

图 7-18　生成模拟数据

3. 使用装饰器

新建一个名为 cache_data_example.py 的 Python 文件，整体的思路是先创建一个需要花费很久才能获取数据的 get_big_data()函数，然后使用 st.cache_data()方法装饰该函数，接着使用 time 库来记录整个过程的时间花费情况，然后第 1 次运行 get_big_data()函数读取 big_data1.csv 文件的模拟数据，并将读取到数据赋值给 d1 变量，接着重复刚刚的操作，但将读取到的数据赋值给 d2 变量，然后接着使用 get_big_data()函数读取 big_data2.csv 文件的模拟数据，并赋值给 d3 变量，最后，使用普通按钮和"函数名.clear()"询问用户是否清除缓存数据。整个文件中的代码如下：

```python
#第7章/cache_data_example.py
import streamlit as st
import pandas as pd
import time


@st.cache_data
def get_big_data(path):
    """模拟获取大型数据集"""
    df = pd.read_csv(path)
    df.index.name = '索引号'
    #模拟需要读取大数据，需要很久时间
    time.sleep(5)
    st.success("获取成功")
    return df


st.title('缓存数据示例')
#将当前时间记录为开始时间
start = time.time()


#第1次运行该获取数据函数时会正常运行，然后生成缓存数据
d1 = get_big_data('big_data1.csv')
st.write('读取完 d1 花费了', time.time() - start, '秒')


#由于传入的参数都是'big_data1.csv'，所以此时将不会实际运行读取函数
#而是直接通过哈希值查找，获取缓存的数据
#虽然 d1 与 d2 是相同的，但是 d1 与 d2 是独立的，并不是指向同一个对象
d2 = get_big_data('big_data1.csv')
st.write('读取完 d2 花费了', time.time() - start, '秒')


st.write('d1 的内存地址', id(d1), ', d2 的内存地址', id(d2))


#由于'big_data2.csv'与'big_data1.csv'显然不同，所以它们生成的哈希值也是不同的
#没有对'big_data2.csv'的缓存数据，此时会正常运行
d3 = get_big_data('big_data2.csv')
st.write('读取完 d3 花费了', time.time() - start, '秒')
```

```
if st.button('是否清除 get_big_data()函数的缓存数据'):
    #使用函数名.clear()进行清除
    get_big_data.clear()
```

读者应运行代码，以便加强理解。第 1 次运行时，效果如图 7-19 所示。

这里笔者对刚刚的结果进行解释，首先可以看到读取完 d1 过了近 5 秒时间，这是容易理解的，因为 get_big_data()函数中延时 5 秒来模拟读取大型数据集，接着读取完 d2 值过了不到 0.01 秒的时间，这就是 st.cache_data()方法的缓存数据作用，不再需要重新读取，而是直接得到缓存数据，然后使用 Python 内置 id()函数获取 d1 和 d2 的内存地址，可以看到它们并不指向一个对象，也就是说 d1 与 d2 是独立的，接着读取完 d3 又过了 5 秒，这是因为 d3 读取的数据路径是 big_data2.csv，与 d1 和 d2 读取的路径 big_data1.csv 不同，所以由这两个路径生成的哈希值是不同的，也就找不到对应的缓存数据，此时实际运行了 get_big_data()函数并延时 5 秒。

接着读者可以按快捷键 Ctrl+R 刷新浏览器，效果如图 7-20 所示。

图 7-19　第 1 次运行

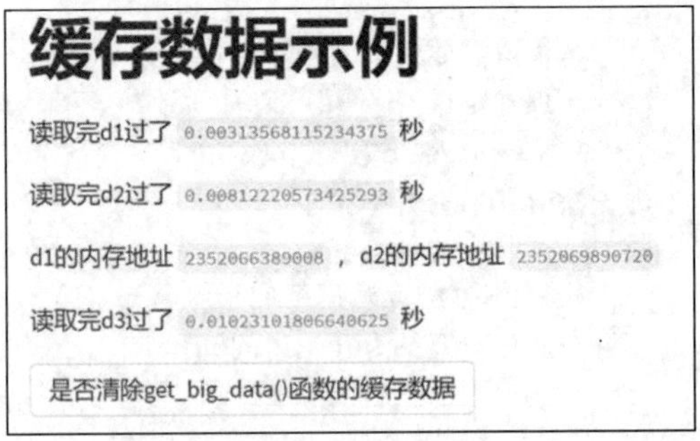

图 7-20　刷新浏览器

这时，由于 big_data1.csv 和 big_data2.csv 都有缓存数据，所以整个时间花费都不到 1 秒！性能得到了极大提高。同时，可以注意到 d1 和 d2 的内存地址都发生了改变。

4. 其他参数示例

当将 persist 参数设置为 disk 时，缓存数据将被保存到本地磁盘中。这样即使停止 Streamlit 服务，缓存数据也不会被删掉，当再次启动服务时，Streamlit 服务仍然可以找到该缓存数据，从而提升性能。

新建一个名为 cache_data_persist.py 的 Python 文件，整体的思路是通过将 persist 参数设置为 disk，理解持久化存储缓存数据的用途。整个文件中的代码如下：

```
#第 7 章/cache_data_persist.py
import streamlit as st
import pandas as pd
import time
```

```
@st.cache_data(persist='disk')
def get_big_data(path):
    """模拟获取大型数据集"""
    df = pd.read_csv(path)
    df.index.name = '索引号'
    #模拟需要读取大数据，需要很久时间
    time.sleep(5)
    return df

st.title('缓存数据 persist 参数')
start = time.time()
d1 = get_big_data('big_data1.csv')

st.write("时间过了", time.time() - start, "秒")
st.write(d1)
```

读者第 1 次直接运行代码，运行时间为 5 秒多一点，效果如图 7-21 所示。

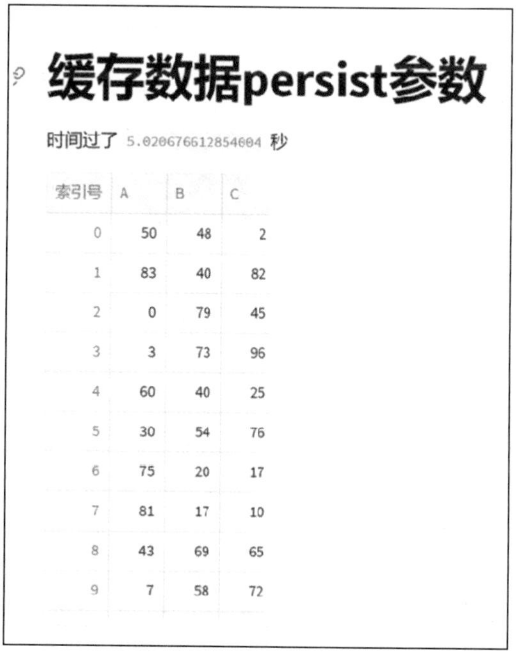

索引号	A	B	C
0	50	48	2
1	83	40	82
2	0	79	45
3	3	73	96
4	60	40	25
5	30	54	76
6	75	20	17
7	81	17	10
8	43	69	65
9	7	58	72

图 7-21 第 1 次运行

接着读者可以使用快捷键 Ctrl+C 停止服务，然后重新运行。由于缓存数据已被存储到磁盘中，所以当再次运行时仍然可以获取缓存数据，运行时间将花费很少，效果如图 7-22 所示。

图 7-22　停止服务后重新运行

实　战　篇

企鹅分类项目

作为数据科学家或者机器学习工程师,在花大量时间开发模型之后,常常会遇到这样的问题:模型已经做好了,其性能指标(准确率、召回率等)也测试出来了,但是,不知道怎么向非技术背景的人(如销售、市场人员)解释这个模型的价值,这些非技术人员不能直接看懂模型的数学原理和代码,而自己也只有一些静态的图表和报告,不够直观,缺乏让非技术人员也可以操作和交互的模型 Demo,这样非技术背景的人就很难理解这个模型究竟有多大的价值,结果导致模型很难被认可和真正被应用到业务中。

在 Streamlit 之前,最流行的就是使用 Flask 或 Django 来构建一个完整的 Web 应用,或者将模型开发成 API,给开发者调用。这些都是很好的选择,但是它们往往需要消耗大量时间,需要依靠开发人员进行二次开发,不方便快速地进行原型设计。

数据科学家或者机器学习工程师的目标是想为团队开发最好的机器学习模型,但是如果要把模型开发成 Web 应用,则可能需要很长时间,这对他们来讲是浪费时间的。在模型开发完成之前,他们更想把时间花在优化模型上,而不是去开发 Web 应用,所以他们通常会等到模型基本定型以后才考虑开发 Web 应用。Streamlit 的优势在于,它可以让开发 Web 应用变得非常快速和简单,这样数据科学家可以随时将当前模型版本开发成 Web 应用,进行快速原型设计和演示。

从本章开始,笔者将给大家讲解项目实战部分,讲解在 Streamlit 中进行机器学习原型开发的全过程,包括创建原型、添加交互、理解结果等内容。

8.1 标准的机器学习工作流程

15min

机器学习工作流程定义了机器学习项目中需要实施的各个阶段,典型的阶段包括数据收集、数据预处理、构建数据集、模型的训练、模型的优化、模型的评估和模型的部署。虽然这些步骤被普遍接受为标准,但也存在更改的空间,同时应注意不要试图让每个模型都严格遵守下面这些工作流程。

8.1.1 数据收集

数据收集是机器学习工作流程中最重要的一步。在数据收集过程中,基本可以根据所收集数据的质量来衡量项目的潜在有用性和准确性。数据收集主要包括以下几方面。

（1）确定所需数据类型：根据机器学习任务的不同，需要收集不同类型的数据，如图片、文本、语音等。

（2）数据来源收集：数据可来自实验采集、公开数据集、网页爬取等。需要评估数据的可获得性。

（3）标注数据：对于监督学习，需要人工标注数据，以生成标签。在这个过程中需要保证标注的质量。

（4）数据规模：数据量会直接影响模型的性能，通常需要收集大规模数据。

（5）平衡数据集：不同类别的数据需平衡，避免模型的类别失衡。

（6）数据许可：要关注收集的数据版权及使用许可。

（7）数据存储：需要将收集的数据进行持久化存储，如保存到数据库、文件等。

（8）数据安全：对敏感数据要进行脱敏和加密，以确保数据安全。

8.1.2　数据预处理

数据预处理是机器学习工作流程的重要环节，其主要目的是将原始数据处理成模型可用的格式。数据预处理通常包括以下步骤。

（1）数据清洗：填充缺失值、过滤噪声数据、平滑异常数据等。

（2）数据转换：进行格式化、规范化、归一化等转换，将数据映射到模型可以处理的形式。格式化是将数据格式化到模型可以识别的格式，如纯数字、标准数组等；规范化是将不同表示方法规范到统一表示，如统一不同商品名称的表示方法；归一化是将数据归一到一个标准范围内，如将数据归一到0～1。

（3）数据整合：对来自不同源的数据集进行合并，删除冗余和重复数据。

（4）数据平衡：处理数据集中不同类别样本数量不平衡的问题，常见的方法有欠采样和过采样等。

（5）数据规约：目标是压缩数据量，使数据集在体积变小的同时保留关键信息，其中包括降维、采样、压缩等方法。

（6）特征工程：目标是从原始数据中派生出代表样本特征的变量，以供机器学习模型进行训练，主要包括特征抽取、特征转换、特征选择等方法。

8.1.3　构建数据集

构建数据集是在数据收集和数据预处理之后，对数据集进行进一步处理，以供模型训练使用。构建数据集的主要任务包括以下几点：

（1）划分训练数据集、验证集和测试集，按一定比例（例如 7:2:1）将数据集划分为 3 个子集，其中，训练数据集用于训练模型，使模型学会拟合问题的规律；验证集用于评估不同的模型或模型的参数，选择最佳的模型；测试集用于测试最终选择的模型在真实数据上的表现。

（2）转换数据集的格式，将数据集转换为模型可以直接处理的数据格式，如 NumPy 数组、Pandas 数据框、TensorFlow Dataset、PyTorch Tensor 等类型的数据格式，部分模型也可以直接读取 JSON 文件或者 CSV 文件。需要说明的是，该步骤与数据预处理中的数据转换既有重合，也有区别，该步骤更侧重生成模型可用的数据集，而数据预处理的转换更侧重提升数据本身的质量。

（3）数据集样本抽样指的是从完整的原始数据集中提取出一个包含部分数据样本的子集的过程。当原始数据集样本数量非常大时，抽样可以减少数据集大小，使其可适应内存和计算限制，在子集数据集上训练模型可以显著减少训练时间。

（4）数据打散是构建数据集时常用的一种技术，它可以随机打乱原始数据集中的样本顺序。针对一般数据会采用随机打散，目的是消除数据的顺序相关性，增强模型泛化能力。

8.1.4 模型的训练

模型的训练是建立机器学习模型的关键步骤，其主要思想是通过优化模型在训练数据上的表现来得到一个泛化性能强的模型。模型的训练主要包含以下几个方面：

（1）选择模型架构，根据具体问题和数据的类型、大小等情况选择一个适合的模型架构，如线性回归、多层感知机、卷积神经网络等。模型架构决定了模型拟合问题的方式。

（2）模型初始化是指在模型训练开始之前对模型的参数进行初始化。合理的参数初始化对于模型的训练效果至关重要，合理的参数初始化可以帮助模型更快更好地收敛，并避免坏的局部最优。

（3）模型训练，通过迭代优化算法（如梯度下降）最小化模型的预测值与真实值之间的损失函数。在训练过程中，将训练数据输入模型，并根据模型的输出与真实值进行比较，调整模型参数，逐步提高模型的预测性能。

8.1.5 模型的优化

模型的优化是指通过调整和改进模型的参数和超参数，以提高模型在问题解决中的性能和效果。下面介绍几种常见的模型优化方法。

（1）参数调整：通过调整模型的参数，使模型更准确地拟合训练数据。常见的参数调整方法包括随机梯度下降法（SGD）、动量法、学习率衰减等。

（2）正则化：通过引入正则化项来控制模型的复杂度，防止模型过拟合。常见的正则化方法包括 L1 正则化、L2 正则化等。

（3）损失函数优化：尝试不同的损失函数，选择能够更好地反映模型目标的损失函数，不同的问题需要不同的损失函数，例如分类问题使用交叉熵损失函数。

（4）模型集成：训练多个模型，然后进行模型集成，如投票集成、bagging、boosting 等，可以提升模型的泛化性能。

（5）提前停止：在模型验证集上观察性能，如果连续执行一定步骤后性能未提升，则停止训练，以防止过拟合，并节省计算资源和时间。

8.1.6　模型的评估

模型的评估是指对一个训练好的模型进行性能评估的过程。这个过程旨在了解模型在现实中的表现如何，并帮助我们判断模型是否符合预期的要求。常见的模型评估方法包括以下几种。

（1）交叉验证：将数据集分为 k 个不重叠的子集，每次用其中 $k-1$ 个子集作为训练集，剩余的一个子集作为测试集，对模型进行 k 次训练和测试，最终汇总评估结果。

（2）混淆矩阵：当需要对分类模型进行评估时，可以使用混淆矩阵来统计模型的预测结果与真实标签的一致性，计算准确率、精确率、召回率等指标。

（3）F1 分数（F1-score）：是召回率和准确率的调和平均值，它可以综合考虑模型的召回率和准确率，并给出一个综合评价指标。它是评价分类模型的一个重要指标。

（4）接收者操作特征（Receiver Operating Characteristic，ROC）曲线与曲线下的面积（Area Under ROC Curve，AUC）值：通过不同阈值绘制 ROC 曲线，计算 AUC 值评价分类模型，值越大表示模型性能越好。

8.1.7　模型的部署

部署模型指的是将训练好的机器学习模型应用到实际生产环境中，使其能够实时地根据输入数据进行预测或推理。部署模型是将机器学习应用到实际问题中的最后一步，成功部署后可以使模型发挥最大的价值，提供实际的业务价值。在部署过程中，需要考虑以下几个方面。

（1）准备环境：首先，需要在目标环境中搭建合适的运行环境，包括操作系统、软件依赖项和硬件设备等。

（2）性能优化：在将模型部署到生产环境之前，需要对模型进行性能优化。这包括模型压缩、量化、加速等操作，以提高模型的推理速度和降低资源消耗。

（3）选择部署方式：部署模型可以使用多种方式，例如将模型嵌入应用程序中作为函数或模块使用，将模型部署为网络服务 API，或者在设备上进行本地部署等。选择适合应用场景的部署方式是很重要的。

（4）预处理输入：在使用模型进行预测之前，通常需要对输入数据进行预处理。这可能包括与模型训练时使用的数据预处理步骤相同的操作，例如特征缩放、归一化、编码等。

（5）进行预测：通过调用模型对预处理后的输入数据进行预测或推理。预测结果可以通过格式化输出或 API 返给请求者。

（6）安全性和隐私性：对于部署模型来讲，安全性和隐私性是非常重要的考虑因素。需要确保模型的访问权限受到限制，并采取必要的措施来保护输入数据和模型的输出。

（7）监测和管理：定期监测模型在生产环境中的表现，并进行必要的管理和维护。这可能包括监控模型的准确率和性能、进行模型更新和迭代等。

8.2　企鹅分类 Web 应用

接下来，笔者开始创建一个 Streamlit Web 应用，以帮助野外的研究人员识别他们正在观察的企鹅物种。该 Web 应用程序将根据对企鹅的喙、翅膀和质量等测量的数据，以及对企鹅性别和位置的了解，来预测企鹅的物种。

8.2.1　数据集介绍

14min

帕尔默群岛企鹅数据集是用于数据探索和数据可视化的一个出色的数据集，也可以作为机器学习的入门练习。该数据集是由 Gorman 等收集，并发布在一个名为 palmerpenguins 的 R 语言包中，以对南极企鹅种类进行分类和研究。同时该数据集是在以 CC-0 许可证下授权发布的，也就是概述数据集是完全开放的，不受版权限制。发布在 palmerpenguins 包中的数据集有两个版本，包括简化版 penguins 和原始版 penguins_raw。本书将使用简化版，笔者为了方便读者学习使用，将该数据集中的信息翻译成了中文，即 penguins-chinese.csv。

penguins-chinese.csv 数据集记录了 344 行观测数据，包含 3 个不同物种的企鹅（阿德利企鹅、巴布亚企鹅和帽带企鹅）的各种信息，其中包括以下 6 列特征。

（1）企鹅的种类：阿德利企鹅、巴布亚企鹅和帽带企鹅。

（2）企鹅栖息的岛屿：托尔森岛、比斯科群岛和德里姆岛。

（3）喙的长度：企鹅喙的长度，单位为毫米。

（4）喙的深度：企鹅喙的深度，单位为毫米。

（5）翅膀的长度：企鹅翅膀的长度，单位为毫米。

（6）身体质量：企鹅的身体质量，单位为克。

（7）性别：企鹅的性别，即雄性和雌性。

（8）观测年份：观测记录数据的年份。

新建一个名为 explore_data.py 的 Python 文件，整体的思路是使用 Pandas 包读取企鹅数据集，然后打印数据集的前 5 行。整个文件中的代码如下：

```
#第 8 章/explore_data.py
import pandas as pd

#设置输出右对齐，防止中文不对齐
pd.set_option('display.unicode.east_asian_width', True)
#读取数据集，并将字符编码指定为 gbk，防止中文报错
penguin_df = pd.read_csv('penguins-chinese.csv', encoding='gbk')
#输出数据框的前 5 行
print(penguin_df.head())
```

需要注意的是，这只是一个 Python 文件，而不是构建 Streamlit Web 应用，所以应直接使用 Python 解释器进行运行，而不是使用 Streamlit 的命令进行运行。具体步骤是先单击"开始"按钮，然后选择 Anaconda→Anaconda Powershell Prompt，使用 cd 命令，切换到 explore_data.py 文件所在的路径，最后使用 python explore_data.py 命令。将看到企鹅数据框的前 5 行记录和各个列的信息，效果如图 8-1 所示。

图 8-1　查看企鹅数据集

从图 8-1 中可以看到该数据集中有缺失值，我们将在数据预处理中进行删除。

注意： 读者可以选择在 Jupyter Notebook 中创建机器学习的模型。在数据分析和机器学习领域，使用它是非常流行的，但是由于在 Jupyter Notebook 中 cell 的执行顺序是允许乱序执行的，所以它的复现性比较差。相比之下，直接使用 Python 编写的 py 文件，必须从上至下逐行执行，顺序是确定的，所以这种方式的复现性比较好，可以确保完全以相同的方式执行代码。

8.2.2　创建基于机器学习的企鹅分类 Web 应用

这一部分的目标不是要创建一个最好的企鹅分类的机器学习模型，而是想快速搭建一个供 Streamlit Web 应用使用的机器学习模型，之后可以在这个基础之上进行优化迭代。

1. 数据预处理

根据上面的整体目标，对于数据预处理步骤，进行数据预处理的原则是尽可能地简单高效，以便传入分类的算法。

新建一个名为 data_preprocess.py 的 Python 文件，整体的代码思路是使用 Pandas 库对原始数据进行一系列数据预处理操作。首先，对数据框中缺失值所在的行进行删除操作，然后删除观测年份的特征列，因为观测年份对于训练企鹅分类模型是没有意义的，接着需要明确定义要使用的数据集中的哪些变量作为特征变量，哪个作为目标输出变量，然后对于文本类型的特征，将使用 pd.get_dummies()方法产生独热编码（One-Hot Encoding），将其转换为分类变量的名义变量（Dummy Variable），因为目标输出变量为文本类型的数据，所以需要使用 pd.factorize()方法将目标输出变量转换为离散的数字并表示出来。整个文件中的代码如下：

```
#第 8 章/data_preprocess.py
import pandas as pd


#设置输出右对齐，防止中文不对齐
```

```
pd.set_option('display.unicode.east_asian_width', True)
#读取数据集，并将字符编码指定为gbk，防止中文报错
penguin_df = pd.read_csv('penguins-chinese.csv', encoding='gbk')
#删除缺失值所在的行
penguin_df.dropna(inplace=True)
#将企鹅的种类定义为目标输出变量
output = penguin_df['企鹅的种类']
#将去除年份列不作为特征列
#使用企鹅栖息的岛屿、喙的长度、翅膀的长度、身体质量、性别作为特征列
features = penguin_df[['企鹅栖息的岛屿', '喙的长度', '喙的深度', '翅膀的长度',
'身体质量', '性别']]
#对特征列进行独热编码
features = pd.get_dummies(features)
#将目标输出变量转换为离散数值
output_codes, output_uniques = pd.factorize(output)

print('下面是去重后，目标输出变量的数据：')
print(output_uniques)
print('下面是独热编码后，特征列的数据：')
print(features.head())
```

使用 Python 解释器对该文件进行执行，效果如图 8-2 所示。

图 8-2　对企鹅数据集进行数据预处理

从图 8-2 可以看到，企鹅的种类作为目标输出变量，使用 pd.get_dummies()方法对数据框进行操作后，对原有的文本类型的特征列进行删除，同时在右侧新增了独热编码后的这些特征列数据。

2. 选择分类算法创建模型

现在，需要为数据预处理步骤产生的数据结果创建一个分类模型。为了快速创建机器学习模型，这里仅仅使用数据集的一个子集（这里是 80%）来训练模型，使用这 80%的数据作为训练集来训练一个分类算法模型。笔者选择的算法是随机森林的分类算法。随机森林算法是一种集成算法，基于构建多棵决策树进行训练和预测。在训练时使用随机样本和特征，这可以有效地防止过拟合。在预测时，随机森林算法对多棵决策树的预测结果进行聚合，得到最终预测结果。与单一决策树相比，随机森林通常可以获得更高的预测准确率。读者可以自行尝试其他算法。

scikit-learn 库提供了许多预定义的机器学习算法模型类,这些预定义类封装了对应的机器学习算法的实现细节,将算法实现为可以直接实例化使用的模型类,通过实例化这些预定义类,可以直接获得对应的模型对象,而不需要开发者自己从零实现算法,其中实现随机森林分类算法的预定义模型类是 RandomForestClassifier,通过它,开发者可以很方便地使用机器学习算法。

复制 data_preprocess.py 文件并改名为 generate_model.py 文件,整体的代码思路是稍微修改一下刚刚的代码,然后使用 scikit-learn 库进行构建数据集、训练模型、评估模型表现的步骤。首先,导入相关模块、方法和预定义模型,然后使用 train_test_split()方法将数据集划分为训练集和测试集,其中训练集为80%,测试集为20%,接着使用 fit()方法进行训练,然后使用 accuracy_score()方法可以获得模型的准确率。整个文件中的代码如下:

```python
#第8章/generate_model.py
import pandas as pd
from sklearn.ensemble import RandomForestClassifier
from sklearn.metrics import accuracy_score
from sklearn.model_selection import train_test_split

#读取数据集,并将字符编码指定为 gbk,防止中文报错
penguin_df = pd.read_csv('penguins-chinese.csv', encoding='gbk')
#删除缺失值所在的行
penguin_df.dropna(inplace=True)
#将企鹅的种类定义为目标输出变量
output = penguin_df['企鹅的种类']
#将去除年份列不作为特征列
#使用企鹅栖息的岛屿、喙的长度、翅膀的长度、身体质量、性别作为特征列
features = penguin_df[['企鹅栖息的岛屿', '喙的长度', '喙的深度', '翅膀的长度',
'身体质量', '性别']]
#对特征列进行独热编码
features = pd.get_dummies(features)
#将目标输出变量转换为离散数值
output_codes, output_uniques = pd.factorize(output)

#从 features 和 output_codes 这两个数组中将数据集划分为训练集和测试集
#训练集为80%,测试集为20%(1-80%)
#返回的 x_train 和 y_train 为划分得到的训练集特征和标签
#x_test 和 y_test 为划分得到的测试集特征和标签
#这里标签和目标输出变量是一个意思

x_train, x_test, y_train, y_test = train_test_split(features, output_codes,
train_size=0.8)

#构建一个随机森林分类器
```

```
rfc = RandomForestClassifier()

#使用训练集数据 x_train 和 y_train 来拟合(训练)模型
rfc.fit(x_train, y_train)

#用训练好的模型 rfc 对测试集数据 x_test 进行预测,将预测结果存储在 y_pred 中
y_pred = rfc.predict(x_test)

#计算测试集上模型的预测准确率
#方法是使用 accuracy_score 方法,比对真实标签 y_test 和预测标签 y_pred
#返回预测正确的样本占全部样本的比例,即准确率
score = accuracy_score(y_test, y_pred)
print(f'该模型的准确率是: {score}')
```

读者可结合代码中的注释进行理解,然后使用 Python 解释器执行该文件,效果如图 8-3 所示。

```
(base) PS                                    \第八章> python generate_model.py
该模型的准确率是: 0.9552238805970149
```

图 8-3 训练模型并输出准确率

从图 8-3 可以看到,该模型的准确率约是 95.5%,通常可以认为这个模型的效果非常好,这意味着模型在测试集上只存在很小部分的错误分类情况。

3. 将模型保存到文件中

通过上面的代码,已经训练得到了一个效果较好的模型,用于预测企鹅的物种。在模型训练完成时,需要保存模型的关键部分,以便后续使用。最需要保存的第一部分就是模型本身,也就是训练产生的模型对象,第二部分是 output_uniques 变量,它实现了一个映射关系,可以将模型输出的数字编码映射到真实的物种名称。举例来讲,如果模型输出的结果是"1",output_uniques 变量则可以将其映射为"巴布亚企鹅"。将这两部分保存下来,就可以在其他程序中加载并使用这个模型了,并可解释模型的输出。例如,可以在 Streamlit Web 应用程序中加载模型和 output_uniques 变量,以此来预测用户输入的企鹅数据,显示出预测的物种名称,而不仅是编码。

Pickle 库是一个 Python 库,可以实现 Python 对象的序列化和反序列化。序列化可以将 Python 对象转换为字节流,用于存储和传输。反序列化则可以从字节流中恢复对象。在这里,将使用 Pickle 库的序列化功能把模型和 output_uniques 变量保存到 pickle 文件中。在其他 Python 程序中,如 Streamlit Web 应用,可以使用 Pickle 库的反序列化功能加载及解析这个文件,从而恢复出原来保存的 Python 对象,实现对象的加载和导入。这样就可以在不同的 Python 程序和模块间方便地传递 Python 对象了。

复制 generate_model.py 文件并改名为 save_model.py 文件,整体的思路是稍微修改一下刚刚的代码,然后使用 with 语句、open()函数和 Pickle 库把训练好的模型和映射变量分别保存到一个文件中,方便之后在 Streamlit Web 应用中使用。整个文件中的代码如下:

```
#第8章/save_model.py
import pandas as pd
from sklearn.ensemble import RandomForestClassifier
from sklearn.metrics import accuracy_score
from sklearn.model_selection import train_test_split
import pickle  #用来保存模型和output_uniques变量


#读取数据集，并将字符编码指定为gbk，防止中文报错
penguin_df = pd.read_csv('penguins-chinese.csv', encoding='gbk')
#删除缺失值所在的行
penguin_df.dropna(inplace=True)
#将企鹅的种类定义为目标输出变量
output = penguin_df['企鹅的种类']
#将去除年份列不作为特征列
#使用企鹅栖息的岛屿、喙的长度、翅膀的长度、身体质量、性别作为特征列
features = penguin_df[['企鹅栖息的岛屿', '喙的长度', '喙的深度', '翅膀的长度',
'身体质量', '性别']]
#对特征列进行独热编码
features = pd.get_dummies(features)
#将目标输出变量转换为离散数值
output_codes, output_uniques = pd.factorize(output)


#从features和output_codes这两个数组中将数据集划分为训练集和测试集
#训练集为80%，测试集为20%（1-80%）
#返回的x_train和y_train为划分得到的训练集特征和标签
#x_test和y_test为划分得到的测试集特征和标签
#这里标签和目标输出变量是一个意思

x_train, x_test, y_train, y_test = train_test_split(features, output_codes,
train_size=0.8)

#构建一个随机森林分类器
rfc = RandomForestClassifier()

#使用训练集数据x_train和y_train来拟合(训练)模型
rfc.fit(x_train, y_train)

#用训练好的模型rfc对测试集数据x_test进行预测，将预测结果存储在y_pred中
y_pred = rfc.predict(x_test)

#计算测试集上模型的预测准确率
#方法是使用accuracy_score方法，比对真实标签y_test和预测标签y_pred
```

```
#返回预测正确的样本占全部样本的比例，即准确率
score = accuracy_score(y_test, y_pred)

#使用 with 语句简化文件操作
#open()函数和'wb'参数用于创建并写入字节流
#pickle.dump()方法将模型对象转换为字节流
with open('rfc_model.pkl', 'wb') as f:
    pickle.dump(rfc, f)

#同上
#将映射变量写入文件中
with open('output_uniques.pkl', 'wb') as f:
    pickle.dump(output_uniques, f)

print('保存成功，已生成相关文件。')
```

使用 Python 解释器执行该文件，将看到成功信息，然后使用 dir 命令查看该文件夹下的文件列表，可以看到生成了两个以.pkl 为扩展名的文件，其中 rfc_model.pkl 文件保存的是训练好的模型，output_uniques.pkl 文件保存的是模型输出的结果与企鹅物种名称之间的映射关系，效果如图 8-4 所示。

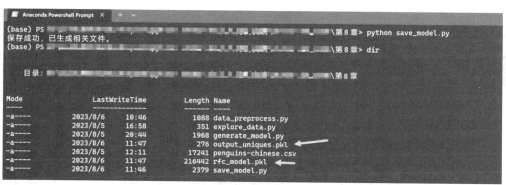

图 8-4 保存到文件中

4. 在 Streamlit Web 应用中使用预先训练的模型

1）初步加载预先训练的模型

新建一个名为 streamlit_load_ml.py 的 Python 文件，整个代码的思路是先使用 Pickle 库中的 load()方法反序列化，然后将保存在文件中的模型和映射关系加载到 Streamlit Web 应用中，并使用 st.write()方法查看加载的对象。整个文件中的代码如下：

```
#第 8 章/streamlit_load_ml.py
import streamlit as st
import pickle
```

```
#使用pickle的load方法从磁盘文件反序列化加载一个之前保存的随机森林模型对象
with open('rfc_model.pkl', 'rb') as f:
    rfc_model = pickle.load(f)

#使用pickle的load方法从磁盘文件反序列化加载一个之前保存的映射对象
with open('output_uniques.pkl', 'rb') as f:
    output_uniques_map = pickle.load(f)

st.subheader('随机森林模型')
st.write(rfc_model)

st.subheader('映射关系示例')
#"1"应该对应"巴布亚企鹅"
st.write(output_uniques_map[1])
```

使用 streamlit run streamlit_load_ml.py 命令执行该文件，效果如图 8-5 所示。

图 8-5　初步加载预先训练的模型

当出现如图 8-5 的画面时，这意味着 Streamlit Web 应用可以加载预先训练的模型和映射关系，接下来将使用适当的 Streamlit 元素和组件来接收用户输入的数据。

2）构建用户输入的 Web 页面

新建一个名为 streamlit_input.py 的 Python 文件，整体的思路是根据各个特征列的值属性选择适当的用户输入类的组件，以此来接收用户的输入。具体来讲，企鹅栖息的岛屿和性别应该限制在已知的几个选项中，这样可以防止用户随意输入，也减少了验证数据有效性的工作，而对于喙的长度、深度、翅膀的长度和身体质量这些特征列，需要保证输入的数值大于零，因此，主要采用下拉按钮和数字输入框组件。整个文件中的代码如下：

```
#第8章/streamlit_input.py
import streamlit as st

island = st.selectbox('企鹅栖息的岛屿', options=['托尔森岛', '比斯科群岛', '德里
姆岛'])
    sex = st.selectbox('性别', options=['雄性', '雌性'])

bill_length = st.number_input('喙的长度（毫米）', min_value=0.0)
```

```
bill_depth = st.number_input('喙的深度（毫米）', min_value=0.0)
flipper_length = st.number_input('翅膀的长度（毫米）', min_value=0.0)
body_mass = st.number_input('身体质量（克）', min_value=0.0)

st.write('用户输入的数据是：')
st.text( island, sex, bill_length, bill_depth, flipper_length, body_mass])
```

使用 streamlit run streamlit_input.py 命令执行该文件，选择并输入一些数据，效果如图 8-6 所示。

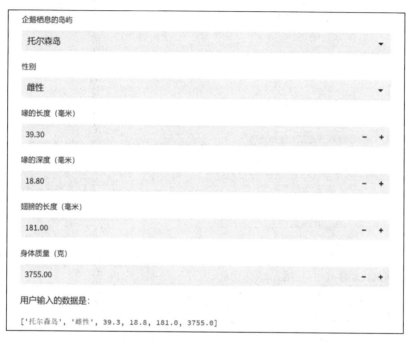

图 8-6　构建用户输入的 Web 页面

3）将用户输入数据转换为数据预处理的数据格式

虽然已经有了用户输入的数据，但是这些数据的格式与之前数据预处理的格式还是存在着差距，如图 8-2 所示，数据预处理的格式中有"企鹅栖息的岛屿_德里姆岛""企鹅栖息的岛屿_托尔森岛""企鹅栖息的岛屿_比斯科群岛""性别_雄性"和"性别_雌性"的特征列，因此需要进行转换格式操作。

复制 streamlit_input.py 文件并改名为 streamlit_input_format.py 文件，整体的思路是根据用户输入的数据构造适当的变量，以满足数据预处理的格式。判断 island 变量的值，生成"企鹅栖息的岛屿_德里姆岛""企鹅栖息的岛屿_托尔森岛"和"企鹅栖息的岛屿_比斯科群岛"的值，判断 sex 变量的值，生成"性别_雄性"和"性别_雌性"的值。整个文件中的代码如下：

```
#第 8 章/streamlit_input_format.py
```

```python
import streamlit as st

island = st.selectbox('企鹅栖息的岛屿', options=['托尔森岛', '比斯科群岛', '德里
姆岛'])
sex = st.selectbox('性别', options=['雄性', '雌性'])

bill_length = st.number_input('喙的长度（毫米）', min_value=0.0)
bill_depth = st.number_input('喙的深度（毫米）', min_value=0.0)
flipper_length = st.number_input('翅膀的长度（毫米）', min_value=0.0)
body_mass = st.number_input('身体质量（克）', min_value=0.0)

st.write('用户输入的数据是：')
st.text([island, sex, bill_length, bill_depth, flipper_length, body_mass])

#初始化数据预处理格式中与岛屿相关的变量
island_biscoe, island_dream, island_torgerson = 0, 0, 0
#根据用户输入的岛屿数据更改对应的值
if island == '比斯科群岛':
    island_biscoe = 1
elif island == '德里姆岛':
    island_dream = 1
elif island == '托尔森岛':
    island_torgerson = 1

#初始化数据预处理格式中与性别相关的变量
sex_female, sex_male = 0, 0
#根据用户输入的性别数据更改对应的值
if sex == '雌性':
    sex_female = 1
elif sex == '雄性':
    sex_male = 1

st.write('转换为数据预处理的格式：')
format_data = [bill_length, bill_depth, flipper_length, body_mass,
                island_dream, island_torgerson, island_biscoe, sex_male,
sex_female]
st.text(format_data)
```

使用 streamlit run streamlit_input_format.py 命令执行该文件，单击相关选项以选择不同的岛屿或者性别，观察最下方的转换后的数据格式，效果如图 8-7 所示。

4）根据输入数据预测企鹅物种

在之前的步骤的基础上，已经确认 Streamlit Web 应用可以加载预先训练的模型，也生成了可以直接输入模型的数据格式，现在只要将这些功能组合在一起，就可以完成用户输入

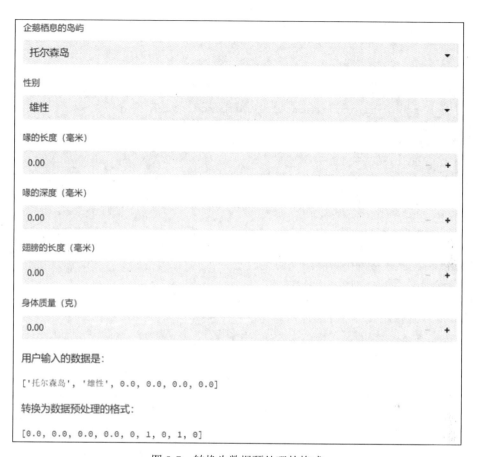

图 8-7　转换为数据预处理的格式

企鹅数据，然后预测企鹅物种的全部功能。

　　新建一个名为 streamlit_predict.py 的文件，整体的思路是先复制部分之前的代码，然后将符合数据预处理格式的用户输入数据传递给预先训练的模型，接着使用 predict() 方法进行预测，然后通过映射关系实现预测物种编码与物种名称之间的映射，最后输出物种名称。整个文件中的代码如下：

```
#第 8 章/streamlit_predict.py
import streamlit as st
import pickle

island = st.selectbox('企鹅栖息的岛屿', options=['托尔森岛', '比斯科群岛', '德里姆岛'])
sex = st.selectbox('性别', options=['雄性', '雌性'])

bill_length = st.number_input('喙的长度（毫米）', min_value=0.0)
bill_depth = st.number_input('喙的深度（毫米）', min_value=0.0)
```

```
flipper_length = st.number_input('翅膀的长度（毫米）', min_value=0.0)
body_mass = st.number_input('身体质量（克）', min_value=0.0)


#初始化数据预处理格式中与岛屿相关的变量
island_biscoe, island_dream, island_torgerson = 0, 0, 0
#根据用户输入的岛屿数据更改对应的值
if island == '比斯科群岛':
    island_biscoe = 1
elif island == '德里姆岛':
    island_dream = 1
elif island == '托尔森岛':
    island_torgerson = 1


#初始化数据预处理格式中与性别相关的变量
sex_female, sex_male = 0, 0
#根据用户输入的性别数据更改对应的值
if sex == '雌性':
    sex_female = 1
elif sex == '雄性':
    sex_male = 1


format_data = [bill_length, bill_depth, flipper_length, body_mass,
               island_dream, island_torgerson, island_biscoe, sex_male,
sex_female]

#使用pickle的load方法从磁盘文件反序列化加载一个之前保存的随机森林模型对象
with open('rfc_model.pkl', 'rb') as f:
    rfc_model = pickle.load(f)

#使用pickle的load方法从磁盘文件反序列化加载一个之前保存的映射对象
with open('output_uniques.pkl', 'rb') as f:
    output_uniques_map = pickle.load(f)

#使用模型对格式化后的数据format_data进行预测，返回预测的类别代码
predict_result_code = rfc_model.predict([format_data])
#将类别代码映射到具体的类别名称
predict_result_species = output_uniques_map[predict_result_code][0]

st.write('根据您输入的数据，预测该企鹅的物种名称是：',predict_result_species)
```

使用 streamlit run streamlit_predict.py 命令执行该文件，输入企鹅的相关数据，就可以根据这些数据来预测该企鹅的物种。效果如图 8-8 所示。

图 8-8 根据输入数据预测企鹅物种

此时后端服务会出现警告信息，如图 8-9 所示。该警告信息的意思是随机森林模型在训练时使用了特征名称，但是在预测时传入的 X 数据没有包含有效的特征名称。这是一条警告信息，并不影响预测企鹅物种的正确性。在下一节中将会修复这个问题。

You can now view your Streamlit app in your browser.

Local URL: http://localhost:8501
Network URL: http://192.168.73.104:8501

C:\Users\WX847\anaconda3\lib\site-packages\sklearn\base.py:420: UserWarning:
X does not have valid feature names, but RandomForestClassifier was fitted wi
th feature names
  warnings.warn(

图 8-9 警告信息

5）优化企鹅分类 Web 应用

当完成上面的步骤后，企鹅分类的 Web 应用在功能层面上已经完成了，能够实现接收用户输入信息、根据输入信息预测企鹅种类及给出分类结果等核心功能，但是要将其进一步打造成一个专业化的 Web 应用，还需要在多个方面进行扩展和优化。首先是优化界面 UI 设计，通过修改页面标题和图标、调整页面布局、增加侧边栏和图像元素等方面，实现简洁大方的界面；其次，在交互功能上，运用提交表单的功能来处理用户输入的信息，而不是实时预测企鹅分类，可以让 Web 应用逻辑更加合理；最后，如果读者运行当前版本的代码，则在 Anaconda Powershell Prompt 界面会出现警告信息，这里也需要优化。

复制 streamlit_predict.py 文件并改名为 streamlit_predict_v2.py 文件，整体的思路是使用 st.set_page_config()方法设置页面的标题、图标和内容布局；使用 st.sidebar()方法创建侧边栏，用来提示用户可以选择页面，根据用户选择的结果，呈现出简介页面和预测页面，其中简介页面用来介绍信息，预测页面用来接收信息并预测企鹅分类；使用 st.columns()方法将预测页面的宽度比修改为 3:1:2 的列布局；使用 st.form()方法创建一个表单，用来收集用户的输入并准备整体发送给后端，配合 st.form_submit_button()方法生成的表单提交按钮完成提交工作；使用 rfc_model.feature_names_in_属性获取训练时的所有特征名，然后使用 Pandas 库的pd.DataFrame()方法构造与训练时一样的数据框，用于解决警告信息；使用表单提交按钮的返回值和预测后的结果分类，动态地加载不同的企鹅图片。整个文件中的代码如下：

```python
#第8章/streamlit_predict_v2.py
import streamlit as st
import pickle
import pandas as pd

#设置页面的标题、图标和布局
st.set_page_config(
    page_title="企鹅分类器",  #页面标题
    page_icon=":penguin:",  #页面图标
    layout='wide',
)
#使用侧边栏实现多页面显示效果
with st.sidebar:
    st.image('images/rigth_logo.png', width=100)
    st.title('请选择页面')
    page = st.selectbox("请选择页面", ["简介页面", "预测分类页面"], label_
visibility='collapsed')

if page == "简介页面":
    st.title("企鹅分类器:penguin:")
    st.header('数据集介绍')
    st.markdown("""帕尔默群岛企鹅数据集是用于数据探索和数据可视化的一个出色的数据集，
也可以作为机器学习入门练习。
                该数据集是由 Gorman 等收集，并发布在一个名为 palmerpenguins 的 R 语言包，
以对南极企鹅种类进行分类和研究。
                该数据集记录了 344 行观测数据，包含 3 个不同物种的企鹅：阿德利企鹅、巴布亚企
鹅和帽带企鹅的各种信息。""")
    st.header('三种企鹅的卡通图像')
    st.image('images/penguins.png')

elif page == "预测分类页面":
    st.header("预测企鹅分类")
    st.markdown("这个 Web 应用是基于帕尔默群岛企鹅数据集构建的模型。只需输入 6 个信息，
就可以预测企鹅的物种，使用下面的表单开始预测吧！")
```

```
#该页面是 3:1:2 的列布局
col_form, col, col_logo = st.columns([3, 1, 2])
with col_form:

    #运用表单和表单提交按钮
    with st.form('user_inputs'):
        island = st.selectbox('企鹅栖息的岛屿', options=['托尔森岛', '比斯科
群岛', '德里姆岛'])
        sex = st.selectbox('性别', options=['雄性', '雌性'])

        bill_length = st.number_input('喙的长度（毫米）', min_value=0.0)
        bill_depth = st.number_input('喙的深度（毫米）', min_value=0.0)
        flipper_length = st.number_input('翅膀的长度（毫米）', min_value=0.0)
        body_mass = st.number_input('身体质量（克）', min_value=0.0)
        submitted = st.form_submit_button('预测分类')

#初始化数据预处理格式中与岛屿相关的变量
island_biscoe, island_dream, island_torgerson = 0, 0, 0
#根据用户输入的岛屿数据更改对应的值
if island == '比斯科群岛':
    island_biscoe = 1
elif island == '德里姆岛':
    island_dream = 1
elif island == '托尔森岛':
    island_torgerson = 1

#初始化数据预处理格式中与性别相关的变量
sex_female, sex_male = 0, 0
#根据用户输入的性别数据更改对应的值
if sex == '雌性':
    sex_female = 1
elif sex == '雄性':
    sex_male = 1

format_data = [bill_length, bill_depth, flipper_length, body_mass,
            island_dream, island_torgerson, island_biscoe, sex_male,
sex_female]

#使用 pickle 的 load 方法从磁盘文件反序列化加载一个之前保存的随机森林模型对象
with open('rfc_model.pkl', 'rb') as f:
    rfc_model = pickle.load(f)

#使用 pickle 的 load 方法从磁盘文件反序列化加载一个之前保存的映射对象
```

```
    with open('output_uniques.pkl', 'rb') as f:
        output_uniques_map = pickle.load(f)


    if submitted:
        format_data_df = pd.DataFrame(data=[format_data], columns=rfc_model.
feature_names_in_)
        #使用模型对格式化后的数据 format_data 进行预测，返回预测的类别代码
        predict_result_code = rfc_model.predict(format_data_df)
        #将类别代码映射到具体的类别名称
        predict_result_species = output_uniques_map[predict_result_code][0]

        st.write(f'根据您输入的数据，预测该企鹅的物种名称是：**{predict_result_
species}**')



    with col_logo:
        if not submitted:
            st.image('images/rigth_logo.png', width=300)
        else:
            st.image(f'images/{predict_result_species}.png', width=300)
```

读者可结合代码中的注释进行理解，使用 streamlit run streamlit_predict_v2.py 命令运行整个 Web 应用，简介页面的显示效果如图 8-10 所示。

图 8-10　简介页面

选择预测分类页面，输入遇到的企鹅的相关信息，然后单击"预测分类"按钮，即可预测该企鹅的物种，效果如图 8-11 所示。

图 8-11　预测企鹅分类页面

医疗费用预测 Web 应用

为了让一家医疗保险公司每年都实现盈利，它必须做到每年收取的保险费用大于该年支付给受益人的医疗费用，因此，保险公司会投入大量的时间和金钱来开发准确预测被保险人群的医疗费用，但是，医疗费用是很难被准确估计的，因为医疗费用高的情况是非常少见的，而且似乎是随机发生的。尽管如此，某些情况在某些人群中是很常见的。例如，吸烟者比不吸烟者更容易患肺癌，而肥胖者可能更容易患心脏病。

本章的目标是根据之前年度患者的医疗费用数据，使用机器学习算法预测这些人群群体的平均医疗费用，然后将训练好的机器学习模型加载到 Streamlit Web 应用中，最后保险公司工作人员输入必要的信息，可以得到预测医疗费用，根据这个结果可以将年度保费设定为合适的价格，以确保医疗保险公司有利可图。需要说明的是，本章不是要创建一个最好的医疗保险费用预测的机器学习模型，而是想快速构建一个基于机器学习模型的医疗费用预测 Web 应用，读者应该关注整个构建的流程。

10min

9.1 数据集介绍

医疗费用数据集用于分析不同特征对医疗费用的影响。可以利用这个数据集建立预测模型，预测被保险人的未来医疗费用。该数据集也可以用于研究不同地区、性别、吸烟状况等因素对费用的影响。该数据集是根据美国人口普查局的人口统计数据虚构出来的公开数据集。该数据集是由 Brett Lantz 提供的。同时，该数据集是在 ODbL 开源协议授权发布的。笔者为了方便读者学习使用，将该数据集中的信息翻译成了中文，即 insurance-chinese.csv。

insurance-chinese.csv 数据集记录了 1388 个样本，这些都是目前参加某个医疗保险计划的投保人，并且记录了投保人的各类信息，其中包括以下 7 个特征。

（1）年龄：投保人的年龄。

（2）性别：投保人的性别。

（3）BMI：投保人的身体质量指数（Body Mass Index，BMI），用来判断一个人相对于身高是否过轻或过重，计算公式是：体重（kg）除以身高（m）的平方，美国人的理想范围是 18.5～24.9。

（4）子女数量：表示该医疗保险计划所覆盖的子女数量，所覆盖的子女数量越多，通常医疗费用越高。

（5）是否吸烟：投保人是否经常吸烟。

（6）区域：表示投保人在美国居住的地区，将美国划分为 4 个地理区域：东北部、东南部、西南部和西北部。

（7）医疗费用：表示投保人在这一年度产生的并向医疗保险计划报销的全部医疗费用的总和。

新建一个名为 explore_insurance_data.py 的 Python 文件，整体的思路是使用 Pandas 包将医疗费用数据集读取到数据框中，然后打印数据框的前 5 行，接着使用 insurance_df.info() 方法查看数据框的各列的详细信息。整个文件中的代码如下：

```
#第 9 章/explore_insurance_data.py
import pandas as pd

#设置输出右对齐，防止中文不对齐
pd.set_option('display.unicode.east_asian_width', True)

#读取数据集，并将字符编码指定为 gbk，防止中文报错
insurance_df = pd.read_csv('data/insurance-chinese.csv', encoding='gbk')

#输出数据框的前 5 行
print("输出数据框的前 5 行记录，如下")
print(insurance_df.head())
print()   #换行分割

#查看数据框的各列信息
print("输出数据框的各列的详细信息如下：")
insurance_df.info()
```

按照类似第 8 章中讲过的步骤，使用 python explore_insurance_data.py 命令将看到医疗费用数据框的前 5 行记录和各个列信息，效果如图 9-1 所示。

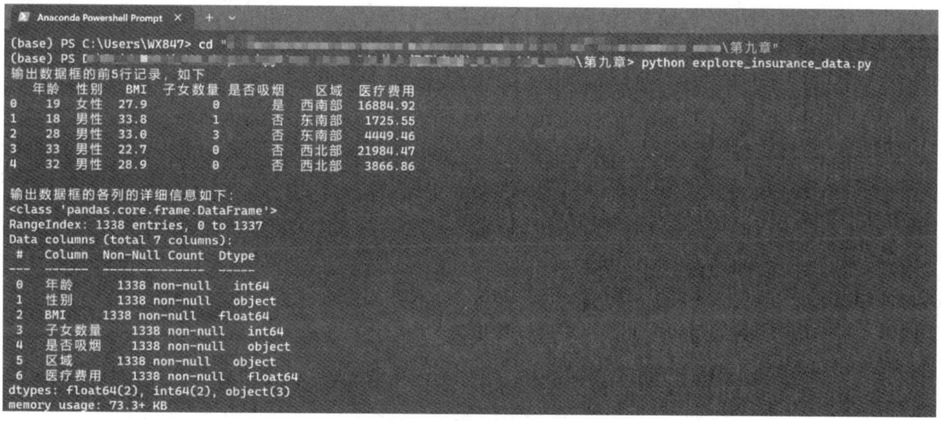

图 9-1　查看医疗费用数据集

从图 9-1 中显示的各列的详细信息中可以看到所有列都是包含 1338 个非空数据，也就是说不存在缺失值的情况。

9.2　数据预处理

5min

新建一个名为 data_preprocess.py 的 Python 文件，整体的代码思路是使用 Pandas 库对原始数据进行一系列数据预处理操作。首先，需要明确定义要使用数据集中的哪些变量作为特征变量，哪些作为目标输出变量，然后对于文本类型的特征将使用 pd.get_dummies()方法产生独热编码，将其转换为分类变量的名义变量。整个文件中的代码如下：

```python
#第9章/data_preprocess.py
import pandas as pd

#设置输出右对齐，防止中文不对齐
pd.set_option('display.unicode.east_asian_width', True)
#读取数据集，并将字符编码指定为gbk，防止中文报错
insurance_df = pd.read_csv('data/insurance-chinese.csv', encoding='gbk')

#将医疗费用定义为目标输出变量
output = insurance_df['医疗费用']

#使用年龄、性别、BMI、子女数量、是否吸烟、区域作为特征列
features = insurance_df[['年龄', '性别','BMI', '子女数量', '是否吸烟', '区域']]
#对特征列进行独热编码
features = pd.get_dummies(features)

print('下面是独热编码后，特征列的前5行数据：')
print(features.head())
#换行分割
print()

print("前5行目标输出数据")
print(output.head())
```

使用 Python 解释器执行该文件，效果如图 9-2 所示。

从图 9-2 可以看到，医疗费用作为目标输出变量，使用 pd.get_dummies()方法对数据框进行操作后，对原有的文本类型的特征列进行删除，同时在右侧新增了独热编码后的这些特征列数据。

图 9-2　对医疗费用数据集进行数据预处理

9.3　选择回归算法创建模型

▶ 11min

现在，需要为数据预处理步骤产生的数据结果创建一个回归模型。为了快速创建机器学习模型，这里仅仅使用数据集的一个子集（这里是 80%）来训练模型，使用这 80%的数据作为训练集来训练一个回归算法模型。笔者选择的算法是随机森林回归算法。scikit-learn 库实现随机森林回归算法的预定义模型类是 RandomForestRegressor。它的基学习器也是决策树。对每棵决策树，在特征和分割点选择上引入随机性，如从部分特征中随机选择分割特征，或者从特征全域中随机选择分割点。在构建决策树时对树进行限制，避免过拟合。最终通过对所有决策树的预测结果进行平均或投票来产生最终的回归预测。

复制 data_preprocess.py 文件并改名为 generate_model.py 文件，整体的代码思路是稍微修改一下刚刚的代码，然后使用 scikit-learn 库进行构建数据集、训练模型、评估模型的步骤。首先，导入相关模块、方法和预定义模型，然后使用 train_test_split()方法将数据集划分为训练集和测试集，其中训练集为 80%，测试集为 20%，接着使用 fit()方法进行训练，然后使用 r2_score ()方法可以获得模型的可决系数（R-squared）。整个文件中的代码如下：

```python
#第 8 章/generate_model.py
import pandas as pd
from sklearn.ensemble import RandomForestRegressor
from sklearn.model_selection import train_test_split
from sklearn.metrics import r2_score


#设置输出右对齐，防止中文不对齐
pd.set_option('display.unicode.east_asian_width', True)
#读取数据集，并将字符编码指定为 gbk，防止中文报错
insurance_df = pd.read_csv('data/insurance-chinese.csv', encoding='gbk')

#将医疗费用定义为目标输出变量
output = insurance_df['医疗费用']
```

```python
#使用年龄、性别、BMI、子女数量、是否吸烟、区域作为特征列
features = insurance_df[['年龄', '性别', 'BMI','子女数量', '是否吸烟', '区域']]
#对特征列进行独热编码
features = pd.get_dummies(features)

#从 features 和 output 这两个数组中将数据集划分为训练集和测试集
#训练集为 80%，测试集为 20%（1-80%）
#返回的 x_train 和 y_train 为划分得到的训练集特征和标签
#x_test 和 y_test 为划分得到的测试集特征和标签
#这里标签和目标输出变量是一个意思

x_train, x_test, y_train, y_test = train_test_split(features, output,
train_size=0.8)

#构建一个随机森林回归模型的实例
rfr = RandomForestRegressor()

#使用训练集数据 x_train 和 y_train 来拟合(训练)模型
rfr.fit(x_train, y_train)

#用训练好的模型 rfr 对测试集数据 x_test 进行预测，将预测结果存储在 y_pred 中
y_pred = rfr.predict(x_test)

#计算模型的可决系数（R-squared）
#- R-squared 的值界定在 0~1
#- R-squared 接近 0，表示模型仅能做出与平均值相当的预测
#- R-squared 接近 1，表示模型对数据的变异有很好的解释能力
#- 一般来讲，当 R-squared 值超过 0.5 以上时才被认为模型有良好的预测能力

r2 = r2_score(y_test, y_pred)
print(f'该模型的可决系数（R-squared）是: {r2}')
```

读者可结合代码中的注释进行理解，然后使用 Python 解释器执行该文件，效果如图 9-3 所示。

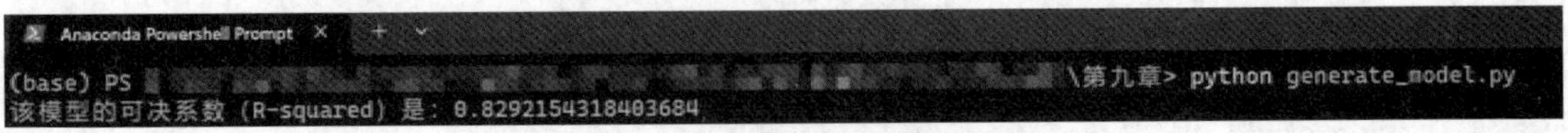

图 9-3　训练模型并输出可决系数

从图 9-3 可以看到，该回归模型的可决系数约是 0.829。这是一个非常好的结果。可决系数是统计学中常用的一个评估指标。它主要反映回归分析模型中自变量对因变量变动的解释程度，当可决系数越接近 1 时，表示自变量解释因变量变动得越好。

4min

9.4 将模型保存到文件中

通过上面的代码，已经训练得到了一个效果较好的模型，用于预测医疗费用。接下来仿照第 8 章讲解过的操作，使用 Pickle 库和 open()函数将模型保存到文件中。

复制 generate_model.py 文件并改名为 save_model.py 文件，整体的思路是稍微修改一下刚刚的代码，然后使用 with 语句、open()函数和 Pickle 库把训练好的模型保存到一个文件中，方便之后 Streamlit Web 应用使用。整个文件中的代码如下：

```python
#第 9 章/save_model.py
import pandas as pd
from sklearn.ensemble import RandomForestRegressor
from sklearn.model_selection import train_test_split
from sklearn.metrics import r2_score
import pickle
#设置输出右对齐，防止中文不对齐
pd.set_option('display.unicode.east_asian_width', True)
#读取数据集，并将字符编码指定为 gbk，防止中文报错
insurance_df = pd.read_csv('data/insurance-chinese.csv', encoding='gbk')

#将医疗费用定义为目标输出变量
output = insurance_df['医疗费用']

#使用年龄、性别、BMI、子女数量、是否吸烟、区域作为特征列
features = insurance_df[['年龄', '性别','BMI', '子女数量', '是否吸烟', '区域']]
#对特征列进行独热编码
features = pd.get_dummies(features)


#从 features 和 output 这两个数组中将数据集划分为训练集和测试集
#训练集为 80%，测试集为 20%（1-80%）
#返回的 x_train 和 y_train 为划分得到的训练集特征和标签
#x_test 和 y_test 为划分得到的测试集特征和标签
#这里标签和目标输出变量是一个意思

x_train, x_test, y_train, y_test = train_test_split(features, output,
train_size=0.8)

#构建一个随机森林回归模型的实例
rfr = RandomForestRegressor()

#使用训练集数据 x_train 和 y_train 来拟合(训练)模型
rfr.fit(x_train, y_train)
```

```
#用训练好的模型 rfr 对测试集数据 x_test 进行预测，将预测结果存储在 y_pred 中
y_pred = rfr.predict(x_test)

#计算模型的可决系数（R-squared）
#- R-squared 的值界定在 0～1
#- R-squared 接近 0，表示模型仅能做出与平均值相当的预测
#- R-squared 接近 1，表示模型对数据的变异有很好的解释能力
#- 一般来讲，当 R-squared 值超过 0.5 以上时才被认为模型有良好的预测能力

r2 = r2_score(y_test, y_pred)

#使用 with 语句，简化文件操作
#open() 函数和'wb'参数用于创建并写入字节流
#pickle.dump()方法将模型对象转换成字节流
with open('rfr_model.pkl', 'wb') as f:
    pickle.dump(rfr, f)

print('保存成功，已生成相关文件。')
```

使用 Python 解释器执行该文件，将看到成功信息，然后使用 dir 命令查看该文件夹下的文件列表，可以看到生成了一个名为 rfr_model.pkl 的文件，该文件保存了训练好的回归模型，效果如图 9-4 所示。

```
(base) PS D:\BaiduNetdiskWorkspace\python streamlit从入门到实战\streamlit_code\第9章> python save_model.py
保存成功，已生成相关文件。
(base) PS D:\BaiduNetdiskWorkspace\python streamlit从入门到实战\streamlit_code\第9章> dir

    目录: D:\BaiduNetdiskWorkspace\python streamlit从入门到实战\streamlit_code\第9章

Mode              LastWriteTime         Length Name
----              -------------         ------ ----
d-----      2023/8/13    11:43                 data
-a----      2023/8/13    19:24            862  data_preprocess.py
-a----      2023/8/13    18:34            560  explore_insurance_data.py
-a----      2023/8/13    20:36           1981  generate_model.py
-a----      2023/8/13    20:43        8690564  rfr_model.pkl  ←
-a----      2023/8/13    20:44           2205  save_model.py
```

图 9-4　将模型保存到文件中

9.5　在 Streamlit Web 应用中使用预先训练的模型

9.5.1　构建用户输入的 Web 页面

6min

新建一个名为 streamlit_input.py 的 Python 文件，整体的思路是根据各个特征列的值属性选择适当的用户输入类的组件，以此来接收用户的输入。具体来讲，投保人的性别、吸烟情况和居住区域应该限制在已知的几个选项中，这样可以防止用户随意输入，也减少了验证数

据有效性的工作，而对于投保人的年龄、BMI 和子女数量这些特征列，需要保证输入的数值大于或等于 0，因此，主要采用单选按钮、下拉按钮和数字输入框组件，而且在学习过第 8 章的知识后，这里直接将所有的用户输入的元素或组件都放置在表单中。整个文件中的代码如下：

```
#第9章/streamlit_input.py
import streamlit as st

#运用表单和表单提交按钮
with st.form('user_inputs'):
    age = st.number_input('年龄', min_value=0)
    sex = st.radio('性别', options=['男性', '女性'])
    bmi = st.number_input('BMI', min_value=0.0)

    children = st.number_input("子女数量: ", step=1, min_value=0)
    smoke = st.radio("是否吸烟", ("是", "否"))
    region = st.selectbox('区域', ('东南部', '西南部', '东北部', '西北部'))
    submitted = st.form_submit_button('预测费用')
if submitted:
    format_data = [age, sex, bmi, children, smoke, region]
    st.write('用户输入的数据是: ')
    st.text(format_data)
```

使用 streamlit run streamlit_input.py 命令执行该文件，选择并输入一些数据，效果如图 9-5 所示。

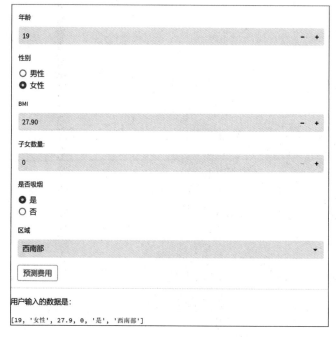

图 9-5　构建用户输入的 Web 页面

9.5.2 将用户输入数据转换为数据预处理的数据格式

虽然已经有了用户输入的数据，但是这些数据的格式与之前数据预处理的格式仍然存在着差距，如图 9-2 所示，数据预处理的格式中有"性别_女性""性别_男性""是否吸烟_否""是否吸烟_是""区域_东北部""区域_东南部""区域_西北部"和"区域_西南部"的特征列，因此需要进行转换格式操作。

复制 streamlit_input.py 文件并改名为 streamlit_input_format.py 文件，整体的思路是根据用户输入数据构造适当的变量，满足数据预处理的格式。判断 sex 变量的值，生成"性别_女性"和"性别_男性"，由 smoke 变量的值生成"是否吸烟_否"和"是否吸烟_是"的值，由 region 变量的值，生成"区域_东北部""区域_东南部""区域_西北部"和"区域_西南部"的值。整个文件中的代码如下：

```python
#第9章/streamlit_input_format.py
import streamlit as st

#运用表单和表单提交按钮
with st.form('user_inputs'):
    age = st.number_input('年龄', min_value=0)
    sex = st.radio('性别', options=['男性', '女性'])
    bmi = st.number_input('BMI', min_value=0.0)

    children = st.number_input("子女数量: ", step=1, min_value=0)
    smoke = st.radio("是否吸烟", ("是", "否"))
    region = st.selectbox('区域', ('东南部', '西南部', '东北部', '西北部'))
    submitted = st.form_submit_button('预测费用')
if submitted:
    format_data = [age, sex, bmi, children, smoke, region]
    st.write('用户输入的数据是: ')
    st.text(format_data)

    #初始化数据预处理格式中与岛屿相关的变量
    sex_female, sex_male = 0, 0
    #根据用户输入的性别数据更改对应的值
    if sex == '女性':
        sex_female = 1
    elif sex == '男性':
        sex_male = 1

    smoke_yes, smoke_no = 0, 0
    #根据用户输入的吸烟数据更改对应的值
    if smoke == '是':
        smoke_yes = 1
    elif smoke == '否':
        smoke_no = 1
```

```
        region_northeast, region_southeast, region_northwest, region_southwest
= 0, 0, 0, 0
        #根据用户输入的岛屿数据更改对应的值
        if region == '东北部':
            region_northeast = 1
        elif region == '东南部':
            region_southeast = 1
        elif region == '西北部':
            region_northwest = 1
        elif region == '西南部':
            region_southwest = 1

        st.write('转换为数据预处理的格式：')
        format_data = [age, bmi, children, sex_female, sex_male,
                      smoke_no, smoke_yes,
                      region_northeast, region_southeast, region_northwest,
region_southwest]
        st.text(format_data)
```

使用 streamlit run streamlit_input_format.py 命令执行该文件，单击相关选项后选择不同的性别或者区域，观察最下方的转换后的数据格式，效果如图 9-6 所示。

图 9-6　转换为数据预处理的数据格式

7min

9.5.3　根据输入数据预测医疗费用

新建一个名为 streamlit_predict.py 的文件，整体的思路是先复制部分之前的代码，然后将符合数据预处理格式的用户输入数据传递给预先训练的回归模型，接着使用 predict()方法预测该客户的医疗费用。整个文件中的代码如下：

```python
#第9章/streamlit_predict.py
import streamlit as st
import pickle
import pandas as pd

#运用表单和表单提交按钮
with st.form('user_inputs'):
    age = st.number_input('年龄', min_value=0)
    sex = st.radio('性别', options=['男性', '女性'])
    bmi = st.number_input('BMI', min_value=0.0)

    children = st.number_input("子女数量: ", step=1, min_value=0)
    smoke = st.radio("是否吸烟", ("是", "否"))
    region = st.selectbox('区域', ('东南部', '西南部', '东北部', '西北部'))
    submitted = st.form_submit_button('预测费用')
if submitted:
    format_data = [age, sex, bmi, children, smoke, region]

    #初始化数据预处理格式中与岛屿相关的变量
    sex_female, sex_male = 0, 0
    #根据用户输入的性别数据更改对应的值
    if sex == '女性':
        sex_female = 1
    elif sex == '男性':
        sex_male = 1

    smoke_yes, smoke_no = 0, 0
    #根据用户输入的吸烟数据更改对应的值
    if smoke == '是':
        smoke_yes = 1
    elif smoke == '否':
        smoke_no = 1

    region_northeast, region_southeast, region_northwest, region_southwest = 0, 0, 0, 0
    #根据用户输入的岛屿数据更改对应的值
    if region == '东北部':
```

```
        region_northeast = 1
    elif region == '东南部':
        region_southeast = 1
    elif region == '西北部':
        region_northwest = 1
    elif region == '西南部':
        region_southwest = 1

    format_data = [age, bmi, children, sex_female, sex_male,
                   smoke_no, smoke_yes,
                   region_northeast, region_southeast, region_northwest,
region_southwest]

    #使用pickle的load方法从磁盘文件反序列化加载一个之前保存的随机森林回归模型
    with open('rfr_model.pkl', 'rb') as f:
        rfr_model = pickle.load(f)

    if submitted:
        format_data_df = pd.DataFrame(data=[format_data], columns=rfr_model.
feature_names_in_)

        #使用模型对格式化后的数据format_data进行预测,返回预测的医疗费用
        predict_result = rfr_model.predict(format_data_df)[0]

        st.write('根据您输入的数据,预测该客户的医疗费用是: ', round(predict_result,
2))
```

使用 streamlit run streamlit_predict.py 命令执行该文件,输入客户的相关数据后就可以根据这些数据来预测该客户的医疗费用。当输入客户信息为 37 岁、男性、BMI 为 27.7、子女数量为 2、居住区域为西北部时,预测的医疗费用为 6418.99 美元,这时的效果如图 9-7 所示,所以为了达到盈利的目的,医疗保险公司可以将该客户的保险费用定价为 6450 美元。

9.5.4　优化医疗费用预测 Web 应用

11min

当完成上面的步骤后,医疗费用预测的 Web 应用在功能层面上已经完成了开发,能够实现接收用户输入信息、根据输入数据预测客户的医疗费用的核心功能,但是要将其进一步打造成一个专业化的 Web 应用,还需要在多个方面进行扩展和优化。首先是优化界面 UI 设计,通过修改页面标题和图标、增加左侧导航功能等方面,实现简洁大方的界面;其次,在优化代码方面,将现有代码封装到单独的页面函数中可以使代码更容易维护和扩展;最后,在内容上新增 1 个欢迎页面,并将该页面的代码封装到一个函数中。

复制 streamlit_predict.py 文件并改名为 streamlit_predict_v2.py 文件,整体的思路是使用 st.set_page_config()方法设置页面的标题和图标;使用 st.sidebar()方法和 st.radio()方法创建侧

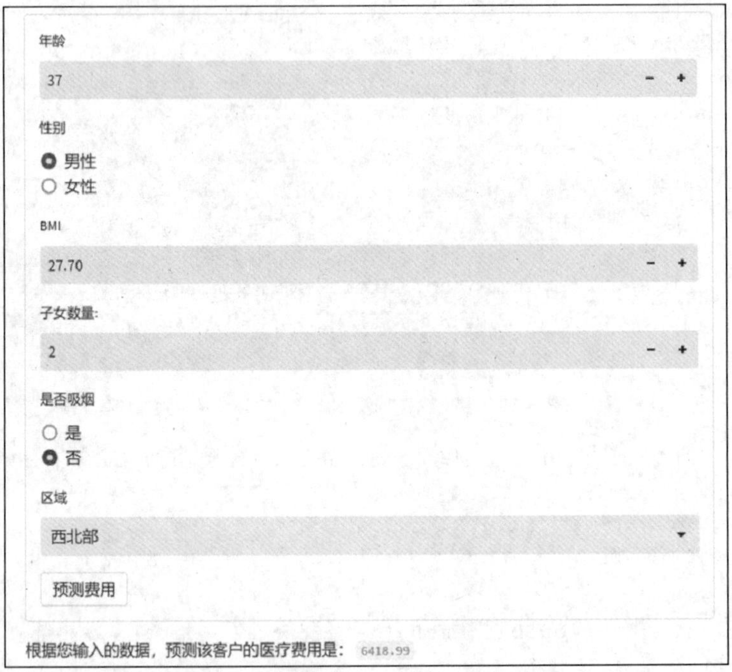

图 9-7　根据输入数据预测医疗费用

边栏和单选按钮，用来提示用户可以选择页面，根据用户选择的结果，呈现出简介页面和预测页面；将简介页面和预测页面的代码内容分别封装到 introduce_page()函数和 predict_page()函数中。整个文件中的代码如下：

```python
#第9章/streamlit_predict_v2.py
import streamlit as st
import pickle
import pandas as pd


def introduce_page():
    """当选择简介页面时，将呈现该函数的内容"""

    st.write("#欢迎使用！")

    st.sidebar.success("单击⤷ 预测医疗费用")

    st.markdown(
        """
        #医疗费用预测应用💲
        这个应用利用机器学习模型来预测医疗费用，为保险公司的保险定价提供参考。
```

```
    ##背景介绍
    - 开发目标：帮助保险公司合理定价保险产品，控制风险。
    - 模型算法：利用随机森林回归算法训练医疗费用预测模型。

    ##使用指南
    - 输入准确完整的被保险人信息，可以得到更准确的费用预测。
    - 预测结果可以作为保险定价的重要参考，但需审慎决策。
    - 有任何问题欢迎联系我们的技术支持。

    技术支持:email:: support@example.com
    """
    )


def predict_page():
    """当选择预测费用页面时，将呈现该函数的内容"""

    st.markdown(
        """
        ##使用说明
        这个应用利用机器学习模型来预测医疗费用，为保险公司的保险定价提供参考。
        - . **输入信息**：在下面输入被保险人的个人信息、疾病信息等。
        - . **费用预测**：应用会预测被保险人的未来医疗费用支出。
        """
    )

    #运用表单和表单提交按钮
    with st.form('user_inputs'):
        age = st.number_input('年龄', min_value=0)
        sex = st.radio('性别', options=['男性', '女性'])
        bmi = st.number_input('BMI', min_value=0.0)

        children = st.number_input("子女数量: ", step=1, min_value=0)
        smoke = st.radio("是否吸烟", ("是", "否"))
        region = st.selectbox('区域', ('东南部', '西南部', '东北部', '西北部'))
        submitted = st.form_submit_button('预测费用')
    if submitted:
        format_data = [age, sex, bmi, children, smoke, region]

        #初始化数据预处理格式中与岛屿相关的变量
        sex_female, sex_male = 0, 0
        #根据用户输入的性别数据更改对应的值
```

```
        if sex == '女性':
            sex_female = 1
        elif sex == '男性':
            sex_male = 1

        smoke_yes, smoke_no = 0, 0
        #根据用户输入的吸烟数据更改对应的值
        if smoke == '是':
            smoke_yes = 1
        elif smoke == '否':
            smoke_no = 1

        region_northeast, region_southeast, region_northwest, region_
southwest = 0, 0, 0, 0
        #根据用户输入的岛屿数据更改对应的值
        if region == '东北部':
            region_northeast = 1
        elif region == '东南部':
            region_southeast = 1
        elif region == '西北部':
            region_northwest = 1
        elif region == '西南部':
            region_southwest = 1

        format_data = [age, bmi, children, sex_female, sex_male,
                    smoke_no, smoke_yes,
                    region_northeast, region_southeast, region_northwest,
region_southwest]

    #使用pickle的load方法从磁盘文件反序列化加载一个之前保存的随机森林回归模型
    with open('rfr_model.pkl', 'rb') as f:
        rfr_model = pickle.load(f)

    if submitted:
        format_data_df = pd.DataFrame(data=[format_data], columns=rfr_model.
feature_names_in_)

        #使用模型对格式化后的数据format_data进行预测，返回预测的医疗费用
        predict_result = rfr_model.predict(format_data_df)[0]

        st.write('根据您输入的数据,预测该客户的医疗费用是: ', round(predict_result, 2))

    st.write("技术支持:email:: support@example.com")
```

```
#设置页面的标题、图标
st.set_page_config(
    page_title="医疗费用预测",
    page_icon="🕐",
)

#在左侧添加侧边栏并设置单选按钮
nav = st.sidebar.radio("导航", ["简介", "预测医疗费用"])
#根据选择的结果，展示不同的页面
if nav == "简介":
    introduce_page()
else:
    predict_page()
```

读者可结合代码中的注释进行理解，使用 streamlit run streamlit_predict_v2.py 命令运行整个 Web 应用，简介页面的显示效果如图 9-8 所示。

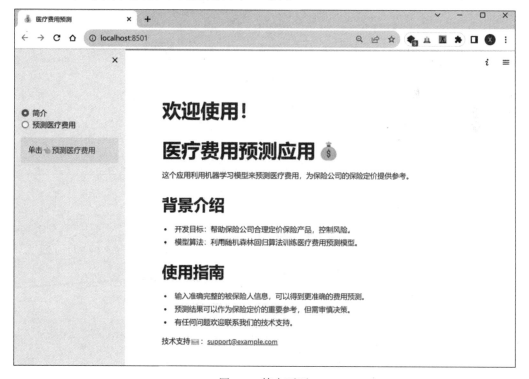

图 9-8 简介页面

选择预测页面，效果如图 9-9 所示。

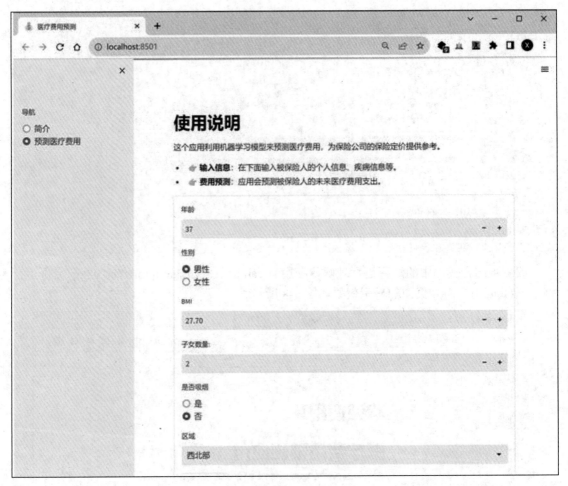

图 9-9　预测费用页面

销售数据仪表板 Web 应用

销售仪表板是将企业销售数据进行可视化呈现的一个重要工具，旨在帮助企业实时监控和分析销售数据，以便更好地了解业务状况、趋势和成果。通过集成各种数据源和强大的可视化功能，销售仪表板可提供一个直观、用户友好的界面，帮助用户快速获取有关销售过程和绩效的关键信息。销售仪表板在当今竞争激烈的市场中具有重要的意义，它可以帮助企业优化销售策略，提高销售绩效，并最终实现持续增长。

销售仪表板通过可视化展示大量的销售数据，使用户能够一目了然地了解销售绩效、趋势和关键指标。它可以将销售数据转换为易于理解和分析的图表，例如销售额趋势图、销售地域分布图、产品销售对比图等。这种直观的呈现方式可帮助用户快速识别销售状况中的关键变化和模式。用户可以从仪表板中获得关于哪些产品或服务销售最好、哪个市场具有潜力及哪些销售渠道最有效等信息，从而能够及时调整销售策略和决策。

本章的目标是介绍如何使用 Streamlit 构建一个交互式的销售数据仪表板 Web 应用。该应用针对销售管理的需求设计，可以帮助用户分析和监控关键销售指标，进行数据驱动的决策。通过本章的学习，可以掌握使用 Streamlit 开发简单数据 Web 应用的方法与步骤，并得到一个可以实际使用的销售数据仪表板。

10.1　数据集介绍

▶ 6min

本章使用的数据集是笔者自己模拟的一份超市销售数据，即 supermarket_sales.xlsx。该数据集记录了某个山西省超市集团的 3 家分店的销售数据，总共有 1000 条销售记录，其中包括以下 12 个字段。

（1）订单号：超市销售系统生成的订单号。

（2）分店：生成订单的分店，分别是 1 号店、2 号店和 3 号店。

（3）城市：该分店所在的城市，分别是太原、大同、临汾。

（4）顾客类型：使用会员卡消费的顾客为会员用户，否则为普通用户。

（5）性别：顾客的性别。

（6）产品类型：用户购买的产品所属的产品类型，分别是健康美容、电子配件、食品饮料、时尚配饰和家居生活。

（7）单价：商品的单价。

（8）数量：商品的数量。

（9）总价：商品的总价。

（10）日期：购买商品的日期。

（11）时间：购买商品的时间。

（12）评分：顾客对于整个购物过程的评价，范围是 0～10。

使用 Excel 或 WPS 等办公软件可以打开 XLSX 格式的文件，可以初步了解数据集的大致情况，效果如图 10-1 所示。

订单号	分店	城市	顾客类型	性别	产品类型	单价	数量	总价	日期	时间	评分
1123-19-117	1号店	太原	会员用户	男性	健康美容	58.22	8	465.76	2022/1/27	20:33	8.4
1226-31-308	3号店	临汾	普通用户	女性	电子配件	15.28	5	76.4	2022/3/8	10:29	9.6
1692-92-558	2号店	大同	会员用户	女性	食品饮料	54.84	3	164.52	2022/2/20	13:27	5.9
1750-67-842	1号店	太原	会员用户	女性	健康美容	74.69	7	522.83	2022/1/5	13:08	9.1
1351-62-082	2号店	大同	会员用户	女性	时尚服饰	14.48	4	57.92	2022/2/6	18:07	4.5
1529-56-397	2号店	大同	会员用户	男性	电子配件	25.51	4	102.04	2022/3/9	17:03	6.8
1365-64-051	1号店	太原	普通用户	女性	电子配件	46.95	5	234.75	2022/2/12	10:25	7.1
1252-56-269	1号店	太原	普通用户	男性	食品饮料	43.19	10	431.9	2022/2/7	16:48	8.2
1829-34-391	1号店	太原	普通用户	女性	健康美容	71.38	10	713.8	2022/3/29	19:21	5.7
1299-46-180	2号店	大同	会员用户	女性	运动旅行	93.72	6	562.32	2022/1/15	16:19	4.5
1631-41-310	1号店	太原	普通用户	男性	家居生活	46.33	7	324.31	2022/3/8	13:23	7.4
1373-73-791	1号店	太原	普通用户	男性	运动旅行	86.31	7	604.17	2022/2/8	10:37	5.3
1699-14-302	3号店	临汾	会员用户	男性	电子配件	85.39	7	597.73	2022/3/25	18:30	4.1
1355-53-594	1号店	太原	会员用户	女性	电子配件	68.84	6	413.04	2022/2/25	14:36	5.8
1315-22-566	3号店	临汾	普通用户	女性	家居生活	73.56	10	735.6	2022/2/24	11:38	8
1665-32-916	1号店	太原	会员用户	女性	健康美容	36.26	2	72.52	2022/1/10	17:15	7.2
1656-95-934	1号店	太原	会员用户	女性	健康美容	68.93	7	482.51	2022/3/11	11:03	4.6
1765-26-695	1号店	太原	普通用户	男性	运动旅行	72.61	6	435.66	2022/1/1	10:39	6.9
1329-62-158	1号店	太原	普通用户	男性	食品饮料	54.67	3	164.01	2022/1/21	18:00	8.6
1319-50-334	2号店	大同	普通用户	女性	家居生活	40.3	2	80.6	2022/3/11	15:30	4.4

图 10-1　使用办公软件查看数据集

从图 10-1 可以看到，该工作簿只包含了一个名为"销售数据"的工作表，所有的销售数据都被包含在这个工作表中，该工作表的第 1 行是销售数据的表名，销售数据的字段名是从第 2 行开始的。这里提醒读者，在后续的代码中读取数据时，应该不仅需要指定数据文件的名称，还需要指定读取数据的范围，以保证正确地读取到销售数据。

10.2　读取超市销售数据

▶ 11min

新建一个名为 read_xlsx.py 的 Python 文件，整体的思路是定义一个读取超市销售数据的函数，在该函数中使用 Pandas 包读取 XLSX 格式的文件，并指定读取文件时的一些参数，确保可以将销售数据读取到数据框中，接着新增一列数据用来记录订单发生的时间，方便后续使用，然后调用该函数，并把返回值赋值给变量 sale_df，然后打印数据框的前 5 行，接着使用 sale_df.info()方法查看数据框的各列的详细信息。整个文件中的代码如下：

```
#第10章/read_xlsx.py
import pandas as pd

#设置输出右对齐，防止中文不对齐
pd.set_option('display.unicode.east_asian_width', True)

def get_dataframe_from_excel():
    #pd.read_excel()函数用于读取 Excel 文件的数据
    #'supermarket_sales.xlsx'表示 Excel 文件的路径及名称
    #sheet_name='销售数据'表示读取名为"销售数据"的工作表的数据
    #skiprows=1 表示跳过 Excel 中的第 1 行，因为第 1 行是标题
    #index_col='订单号'表示将"订单号"这一列作为返回的数据框的索引
    #最后将读取到的数据框赋值给变量 df

    df = pd.read_excel('supermarket_sales.xlsx',
                       sheet_name='销售数据',
                       skiprows=1,
                       index_col='订单号'
                       )
    #df['时间']取出原有的'时间'这一列，其中包含交易的完整时间字符串，如'10:25:30'
    #pd.to_datetime 将'时间'列转换成 datetime 类型
    #format="%H:%M:%S"指定了原有时间字符串的格式
    #.dt.hour 表示从转换后的数据框取出小时数作为新列
    #最后赋值给 sale_df['小时']，这样就得到了一个包含交易小时的新列
    df['小时数'] = pd.to_datetime(df["时间"], format="%H:%M:%S").dt.hour
    return df

sale_df = get_dataframe_from_excel()

print("销售数据的前 5 行如下：")
print(sale_df.head())

print("销售数据各列的详细信息如下：")
sale_df.info()
```

使用 Python 解释器运行代码，即使用 python read_xlsx.py 命令运行，将看到超市销售数据框的前 5 行记录和各个列信息，效果如图 10-2 所示。

从图 10-2 中显示的各列的详细信息中可以看到所有列都包含 1000 个非空数据，也就是说不存在缺失值的情况，同时新增 1 个列为"小时数"的数据。

```
Anaconda Powershell Prompt         ×    +    ∨
(base) PS C:\Users\WX847> cd                                        e\第十章"
(base) PS                                                 \第十章> python read_xlsx.py
销售数据的前5行如下：
           分店   城市   顾客类型   性别   产品类型   单价   数量   总价     日期       时间      评分   小时数
订单号
1123-19-1176  1号店  太原  会员用户  男性  健康美容  58.22   8   465.76  2022-01-27  20:33:00  8.4   20
1226-31-3081  3号店  临汾  普通用户  女性  电子配件  15.28   5   76.40   2022-03-08  10:29:00  9.6   10
1692-92-5582  2号店  大同  会员用户  女性  食品饮料  54.84   3   164.52  2022-02-20  13:27:00  5.9   13
1750-67-8428  1号店  太原  会员用户  女性  健康美容  74.69   7   522.83  2022-01-05  13:08:00  9.1   13
1351-62-0822  2号店  大同  会员用户  女性  时尚配饰  14.48   4   57.92   2022-02-06  18:07:00  4.5   18

销售数据各列的详细信息如下：
<class 'pandas.core.frame.DataFrame'>
Index: 1000 entries, 1123-19-1176 to 1849-09-3807
Data columns (total 12 columns):
 #   Column   Non-Null Count   Dtype
---  ------   --------------   -----
 0   分店       1000 non-null    object
 1   城市       1000 non-null    object
 2   顾客类型    1000 non-null    object
 3   性别       1000 non-null    object
 4   产品类型    1000 non-null    object
 5   单价       1000 non-null    float64
 6   数量       1000 non-null    int64
 7   总价       1000 non-null    float64
 8   日期       1000 non-null    datetime64[ns]
 9   时间       1000 non-null    object
 10  评分       1000 non-null    float64
 11  小时数     1000 non-null    int64
dtypes: datetime64[ns](1), float64(3), int64(2), object(6)
memory usage: 101.6+ KB
```

图 10-2   读取超市数据集

14min

10.3   创建筛选维度的侧边栏

复制 read_xlsx.py 文件并改名为 add_sidebar_filter.py 文件，整体的思路是先定义一个函数，用来接收上一步读取到的数据框，然后根据数据框的各列构造筛选数据的维度，接着在侧边栏中添加不同维度的多选下拉按钮，用来接收用户的筛选维度数据，最后根据用户的各个维度的筛选数据，输出筛选后的数据框。具体来讲，使用 st.sidebar()方法创建侧边栏，接着使用 with 语句，使用 st.multiselect()方法创建不同维度的多选下拉按钮，而每个多选下拉按钮的 options 参数和 default 参数都是不同维度去重复后的值，最后将用户选择后的结果数据使用 df.query()方法对数据框进行筛选操作。整个文件中的代码如下：

```
#第 10 章/add_sidebar_filter.py
import pandas as pd
import streamlit as st


def get_dataframe_from_excel():
    #pd.read_excel()函数用于读取 Excel 文件的数据
    #'supermarket_sales.xlsx'表示 Excel 文件的路径及名称
    #sheet_name='销售数据'表示读取名为"销售数据"的工作表的数据
    #skiprows=1 表示跳过 Excel 中的第 1 行，因为第 1 行是标题
    #index_col='订单号'表示将"订单号"这一列作为返回的数据框的索引
    #最后将读取到的数据框赋值给变量 df
```

```
df = pd.read_excel('supermarket_sales.xlsx',
                    sheet_name='销售数据',
                    skiprows=1,
                    index_col='订单号'
                   )
#df['时间']取出原有的'时间'这一列，其中包含交易的完整时间字符串，如'10:25:30'
#pd.to_datetime 将'时间'列转换成 datetime 类型
#format="%H:%M:%S"指定了原有时间字符串的格式
#.dt.hour 表示从转换后的数据框取出小时数作为新列
#最后赋值给 sale_df['小时']，这样就得到了一个包含交易小时的新列
df['小时数'] = pd.to_datetime(df["时间"], format="%H:%M:%S").dt.hour
return df


def add_sidebar_func(df):
    #创建侧边栏
    with st.sidebar:
        #添加侧边栏标题
        st.header("请筛选数据：")
        #求数据框"城市"列去重复后的值，赋值给 city_unique
        city_unique = df["城市"].unique()
        city = st.multiselect(
            "请选择城市：",
            options=city_unique,   #将所有选项设置为 city_unique
            default=city_unique,   #第 1 次的默认选项为 city_unique
        )
        #求数据框"顾客类型"列去重复后的值，赋值给 customer_type_unique
        customer_type_unique = df["顾客类型"].unique()
        customer_type = st.multiselect(
            "请选择顾客类型：",
            options=customer_type_unique,#将所有选项设置为 customer_type_unique
            default=customer_type_unique,#第 1 次的默认选项为 customer_type_unique
        )
        #求数据框"性别"列去重复后的值，赋值给 gender_unique
        gender_unique = df["性别"].unique()
        gender = st.multiselect(
            "请选择性别",
            options=gender_unique,   #将所有选项设置为 gender_unique
            default=gender_unique,   #第 1 次的默认选项为 gender_unique
        )
        #query():查询方法，传入过滤条件字符串
        #@city: 通过@可以使用 Streamlit 多选下拉按钮"城市"的值
```

```
        #@customer_type:通过@可以使用 Streamlit 多选下拉按钮"顾客类型"的值
        #@gender:通过@可以使用 Streamlit 多选下拉按钮"性别"的值
        #最后赋值给变量 df_selection
        df_selection = df.query(
            "城市 == @city & 顾客类型 ==@customer_type & 性别 == @gender"
        )


        return df_selection
#将 Excel 中的销售数据读取到数据框中
sale_df = get_dataframe_from_excel()
#添加不同的多选下拉按钮，并形成筛选后的数据框
df_selection = add_sidebar_func(sale_df)

st.header('筛选后的数据')
st.write(df_selection)
st.write(f'筛选后的数据有 **{df_selection.shape[0]}** 行')
```

使用 streamlit run add_siderbar_filter.py 命令执行该文件，数据框的行数会根据用户的选择动态地进行筛选，这里笔者取消选择女性后，数据的行数变为 499 行，效果如图 10-3 所示。

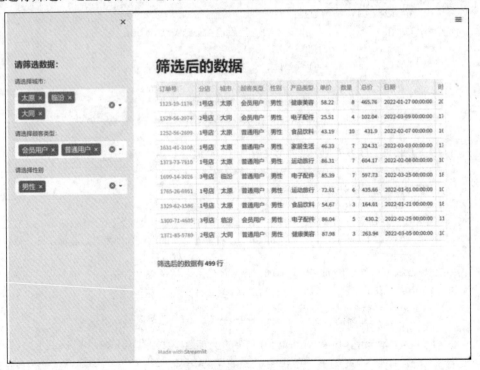

图 10-3　根据用户选择筛选数据

10.4　创建可视化图表

10.4.1　创建按产品类型划分的横向条形图

9min

复制 add_sidebar_filter.py 文件并改名为 add_chart.py 文件，然后删除部分代码，再新增部分代码。整体的思路是先定义一个函数，用来接收筛选后的数据框，然后使用数据框的分组聚合功能生成对应的数据，接着使用 Plotly 库，创建按产品类型划分的横向条形图。具体来讲，使用数据框的 groupby()方法，按照"产品类型"列进行分组，并计算"总价"列的和，然后按照"总价"列的和进行降序排序，接着使用 px.bar()方法创建条形图，并将数据源设置为刚刚计算后的数据框，将水平 x 轴设置为"总价"，将纵向 y 轴设置为数据框的索引，即各个产品类型的名称，将 orientation 方向参数设置为横向，将图表的标题设置为加粗格式的"按产品类型划分的销售额"，最后返回生成的横向条形图。整个文件中的代码如下：

```
#第10章/add_chart.py
import pandas as pd
import streamlit as st
import plotly.express as px


def get_dataframe_from_excel():
    #pd.read_excel()函数用于读取 Excel 文件的数据
    #'supermarket_sales.xlsx'表示 Excel 文件的路径及名称
    #sheet_name='销售数据'表示读取名为"销售数据"的工作表的数据
    #skiprows=1 表示跳过 Excel 中的第 1 行，因为第 1 行是标题
    #index_col='订单号'表示将"订单号"这一列作为返回的数据框的索引
    #最后将读取到的数据框赋值给变量 df

    df = pd.read_excel('supermarket_sales.xlsx',
                       sheet_name='销售数据',
                       skiprows=1,
                       index_col='订单号'
                       )
    #df['时间']取出原有的'时间'这一列，其中包含交易的完整时间字符串，如'10:25:30'
    #pd.to_datetime 将'时间'列转换成 datetime 类型
    #format="%H:%M:%S"指定了原有时间字符串的格式
    #.dt.hour 表示从转换后的数据框取出小时数作为新列
    #最后赋值给 sale_df['小时']，这样就可以得到一个包含交易小时的新列
    df['小时数'] = pd.to_datetime(df["时间"], format="%H:%M:%S").dt.hour
    return df


def add_sidebar_func(df):
```

```python
    #创建侧边栏
    with st.sidebar:
        #添加侧边栏标题
        st.header("请筛选数据：")
        #求数据框"城市"列去重复后的值，赋值给city_unique
        city_unique = df["城市"].unique()
        city = st.multiselect(
            "请选择城市：",
            options=city_unique,  #将所有选项设置为city_unique
            default=city_unique,   #第1次的默认选项为city_unique
        )
        #求数据框"顾客类型"列去重复后的值，赋值给customer_type_unique
        customer_type_unique = df["顾客类型"].unique()
        customer_type = st.multiselect(
            "请选择顾客类型：",
            options=customer_type_unique, #将所有选项设置为customer_type_unique
            default=customer_type_unique, #第1次的默认选项为customer_type_unique
        )
        #求数据框"性别"列去重复后的值，赋值给gender_unique
        gender_unique = df["性别"].unique()
        gender = st.multiselect(
            "请选择性别",
            options=gender_unique,    #将所有选项设置为gender_unique
            default=gender_unique,    #第1次的默认选项为gender_unique
        )
        #query():查询方法，传入过滤条件字符串
        #@city：通过@可以使用Streamlit多选下拉按钮"城市"的值
        #@customer_type:通过@可以使用Streamlit多选下拉按钮"顾客类型"的值
        #@gender:通过@可以使用Streamlit多选下拉按钮"性别"的值
        #最后赋值给变量df_selection
        df_selection = df.query(
            "城市 == @city & 顾客类型 ==@customer_type & 性别 == @gender"
        )

        return df_selection


def product_line_chart(df):
    #将df_selection按'产品类型'列分组，并计算'总价'列的和，然后按总价排序
    sales_by_product_line = (
        df_selection.groupby(by=["产品类型"])[["总价"]].sum().sort_values
(by="总价")
    )
    #使用px.bar函数生成条形图
```

```
#- x="总价": 条形图的长度表示总价
#- y=sales_by_product_line.index: 条形图的标签是产品类型
#- orientation="h": 生成横向的条形图
#- title: 设置图表标题, 使用 HTML 标签加粗
fig_product_sales = px.bar(
    sales_by_product_line,
    x="总价",
    y=sales_by_product_line.index,
    orientation="h",
    title="<b>按产品类型划分的销售额</b>",
)
#将生成的条形图返回
return fig_product_sales


#将 Excel 中的销售数据读取到数据框中
sale_df = get_dataframe_from_excel()
#添加不同的多选下拉按钮, 并形成筛选后的数据框
df_selection = add_sidebar_func(sale_df)
#生成横向条形图
product_fig = product_line_chart(df_selection)
#展示生成的 Plotly 图形
st.plotly_chart(product_fig)
```

读者可结合代码中的注释进行理解，然后使用 streamlit run add_chart.py 命令执行该文件，初始效果如图 10-4 所示。读者可以随意筛选数据，图表会动态地进行更新。

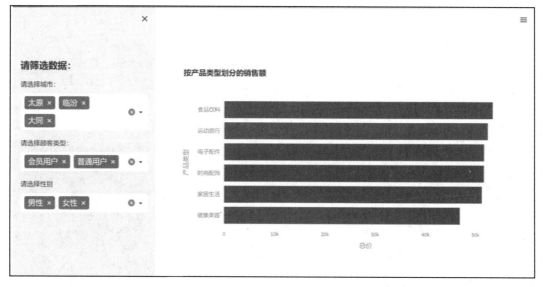

图 10-4　按产品类型划分的销售额横向条形图

14min

10.4.2 创建按小时划分的纵向条形图

复制 add_chart.py 文件并改名为 add_chart_v2.py 文件，整体的思路是再定义一个函数，用来接收筛选后的数据框，然后使用数据框的分组聚合功能生成对应的数据，接着使用 Plotly 库，创建按小时划分的纵向条形图。具体来讲，使用数据框的 groupby()方法，按照"小时数"列进行分组，并计算"总价"列的和，接着使用 px.bar()方法创建条形图，并将数据源设置为刚刚计算后的数据框，将水平 x 轴设置为数据框的索引，即"小时数"，将纵向 y 轴设置为"总价"，将图表的标题设置为加粗格式的"按小时数划分的销售额"，最后返回生成的纵向条形图。整个文件中的代码如下：

```python
#第10章/add_chart_v2.py
import pandas as pd
import streamlit as st
import plotly.express as px


def get_dataframe_from_excel():
    #pd.read_excel()函数用于读取Excel文件的数据
    #'supermarket_sales.xlsx'表示Excel文件的路径及名称
    #sheet_name='销售数据'表示读取名为"销售数据"的工作表的数据
    #skiprows=1表示跳过Excel中的第1行，因为第1行是标题
    #index_col='订单号'表示将"订单号"这一列作为返回的数据框的索引
    #最后将读取到的数据框赋值给变量df

    df = pd.read_excel('supermarket_sales.xlsx',
                       sheet_name='销售数据',
                       skiprows=1,
                       index_col='订单号'
                       )
    #df['时间']取出原有的'时间'这一列，其中包含交易的完整时间字符串，如'10:25:30'
    #pd.to_datetime将'时间'列转换成datetime类型
    #format="%H:%M:%S"指定原有时间字符串的格式
    #.dt.hour表示从转换后的数据框取出小时数作为新列
    #最后赋值给sale_df['小时'],这样就可以得到一个包含交易小时的新列
    df['小时数'] = pd.to_datetime(df["时间"], format="%H:%M:%S").dt.hour
    return df


def add_sidebar_func(df):
    #创建侧边栏
    with st.sidebar:
        #添加侧边栏标题
        st.header("请筛选数据：")
```

```
        #求数据框"城市"列去重复后的值, 赋值给 city_unique
        city_unique = df["城市"].unique()
        city = st.multiselect(
            "请选择城市: ",
            options=city_unique,  #将所有选项设置为 city_unique
            default=city_unique,   #第 1 次的默认选项为 city_unique
        )
        #求数据框"顾客类型"列去重复后的值, 赋值给 customer_type_unique
        customer_type_unique = df["顾客类型"].unique()
        customer_type = st.multiselect(
            "请选择顾客类型: ",
            options=customer_type_unique, #将所有选项设置为 customer_type_unique
            default=customer_type_unique, #第 1 次的默认选项为 customer_type_unique
        )
        #求数据框"性别"列去重复后的值, 赋值给 gender_unique
        gender_unique = df["性别"].unique()
        gender = st.multiselect(
            "请选择性别",
            options=gender_unique,   #将所有选项设置为 gender_unique
            default=gender_unique,   #第 1 次的默认选项为 gender_unique
        )
        #query():查询方法, 传入过滤条件字符串
        #@city: 通过@可以使用 Streamlit 多选下拉按钮"城市"的值
        #@customer_type:通过@可以使用 Streamlit 多选下拉按钮"顾客类型"的值
        #@gender:通过@可以使用 Streamlit 多选下拉按钮"性别"的值
        #最后赋值给变量 df_selection
        df_selection = df.query(
            "城市 == @city & 顾客类型 ==@customer_type & 性别 == @gender"
        )


        return df_selection

def product_line_chart(df):
    #将 df 按'产品类型'列分组, 并计算'总价'列的和, 然后按总价排序
    sales_by_product_line = (
        df.groupby(by=["产品类型"])[["总价"]].sum().sort_values(by="总价")
    )
    #使用 px.bar 函数生成条形图
    #- x="总价": 条形图的长度表示总价
    #- y=sales_by_product_line.index: 条形图的标签是产品类型
    #- orientation="h": 生成横向的条形图
    #- title: 设置图表标题, 使用 HTML 标签加粗
    fig_product_sales = px.bar(
```

```
        sales_by_product_line,
        x="总价",
        y=sales_by_product_line.index,
        orientation="h",
        title="<b>按产品类型划分的销售额</b>",
    )
    #将生成的条形图返回
    return fig_product_sales


def hour_chart(df):
    #将 df 按'小时数'列分组，并计算'总价'列的和
    sales_by_hour = (
        df.groupby(by=["小时数"])[["总价"]].sum()
    )
    #使用 px.bar 函数生成条形图
    #- x="总价"：条形图的长度表示总价
    #- y=sales_by_product_line.index：条形图的标签是产品类型
    #- title：设置图表标题，使用 HTML 标签加粗
    fig_hour_sales = px.bar(
        sales_by_hour,
        x=sales_by_hour.index,
        y="总价",
        title="<b>按小时数划分的销售额</b>",
    )
    #将生成的条形图返回
    return fig_hour_sales




#将 Excel 中的销售数据读取到数据框中
sale_df = get_dataframe_from_excel()
#添加不同的多选下拉按钮，并形成筛选后的数据框
df_selection = add_sidebar_func(sale_df)
#生成横向条形图
product_fig = product_line_chart(df_selection)
#展示生成的 Plotly 图形
st.plotly_chart(product_fig)


#生成纵向条形图
hour_fig = hour_chart(df_selection)
#展示生成的 Plotly 图形
st.plotly_chart(hour_fig)
```

读者可结合代码中的注释进行理解，然后使用 streamlit run add_chart_v2.py 命令执行该文件，初始效果如图 10-5 所示。读者可以随意筛选数据，图表会动态地进行更新。

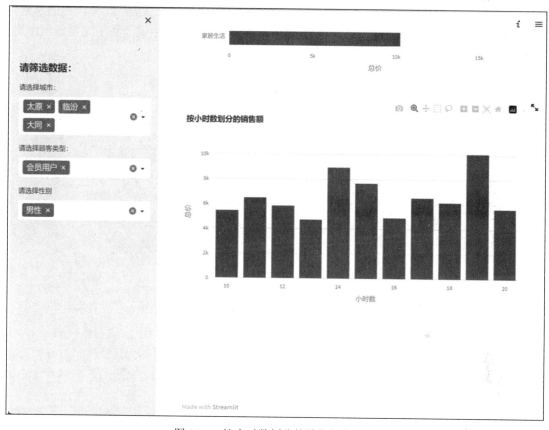

图 10-5　按小时数划分的销售额条形图

10.5　创建关键指标信息

9min

除了需要在仪表板上添加可视化图表外，必要的关键指标信息也是必不可少的。关键指标信息可以突出重点，让决策者快速把握核心指标。图表展示趋势，而关键数字可以直接显示销售额合计、顾客的平均评分、每单的平均销售额等最重要的指标。恰当的文本信息可以增强仪表板的可读性，其次，文本信息更方便进行期间对比。例如展示上周、本周、月度的关键指标信息，决策者可以清楚地看出期间的变化。同时可以进行同期对比，例如与去年同期相比增长了30%，这也是常用的比较方式。再者，可以设置文本信息的颜色或样式来表示好坏。例如绿色代表增长，红色代表负增长。这让指标的评价结果更直观。最后，文本信息展示也更灵活，不仅可以显示数值，也可以显示状态概述（例如"满意"）。

复制add_sidebar_filter.py文件并改名为add_key_text.py文件,然后继续新增一部分代码。整体的思路是紧接着之前筛选的数据框，然后使用数据框的各种统计函数计算出各种关键指

标，接着使用不同的文本展示元素将各种关键指标展示出来。具体来讲，使用数据框的 sum()
方法，用于计算"总价"的和；使用数据框的 mean()方法，计算评分的平均值和每单平均销
售额；使用 round()函数和 int()函数对评分的平均值先按四舍五入法进行计算，然后求整，
得到结果后，将用来作为表情符号（星形）的个数。最后，使用子章节展示元素显示出来。
整个文件中的代码如下：

```python
#第10章/add_key_text.py
import pandas as pd
import streamlit as st


def get_dataframe_from_excel():
    #pd.read_excel()函数用于读取 Excel 文件的数据
    #'supermarket_sales.xlsx'表示 Excel 文件的路径及名称
    #sheet_name='销售数据'表示读取名为"销售数据"的工作表的数据
    #skiprows=1 表示跳过 Excel 中的第1行，因为第1行是标题
    #index_col='订单号'表示将"订单号"这一列作为返回的数据框的索引
    #最后将读取到的数据框赋值给变量 df

    df = pd.read_excel('supermarket_sales.xlsx',
                       sheet_name='销售数据',
                       skiprows=1,
                       index_col='订单号'
                       )
    #df['时间']取出原有的'时间'这一列，其中包含交易的完整时间字符串，如'10:25:30'
    #pd.to_datetime 将'时间'列转换为 datetime 类型
    #format="%H:%M:%S"指定原有时间字符串的格式
    #.dt.hour 表示从转换后的数据框取出小时数作为新列
    #最后赋值给 sale_df['小时']，  这样就可以得到一个包含交易小时的新列
    df['小时数'] = pd.to_datetime(df["时间"], format="%H:%M:%S").dt.hour
    return df


def add_sidebar_func(df):
    #创建侧边栏
    with st.sidebar:
        #添加侧边栏标题
        st.header("请筛选数据：")
        #求数据框"城市"列去重复后的值，赋值给 city_unique
        city_unique = df["城市"].unique()
        city = st.multiselect(
            "请选择城市：",
            options=city_unique,  #将所有选项设置为 city_unique
```

```
        default=city_unique,     #第1次的默认选项为city_unique
    )
    #求数据框"顾客类型"列去重复后的值，赋值给customer_type_unique
    customer_type_unique = df["顾客类型"].unique()
    customer_type = st.multiselect(
        "请选择顾客类型：",
        options=customer_type_unique, #将所有选项设置为customer_type_unique
        default=customer_type_unique, #第1次的默认选项为customer_type_unique
    )
    #求数据框"性别"列去重复后的值，赋值给gender_unique
    gender_unique = df["性别"].unique()
    gender = st.multiselect(
        "请选择性别",
        options=gender_unique,      #将所有选项设置为gender_unique
        default=gender_unique,      #第1次的默认选项为gender_unique
    )
    #query():查询方法，传入过滤条件字符串
    #@city: 通过@可以使用Streamlit多选下拉按钮"城市"的值
    #@customer_type:通过@可以使用Streamlit多选下拉按钮"顾客类型"的值
    #@gender:通过@可以使用Streamlit多选下拉按钮"性别"的值
    #最后赋值给变量df_selection
    df_selection = df.query(
        "城市 == @city & 顾客类型 ==@customer_type & 性别 == @gender"
    )

    return df_selection
#将Excel中的销售数据读取到数据框中
sale_df = get_dataframe_from_excel()
#添加不同的多选下拉按钮，并形成筛选后的数据框
df_selection = add_sidebar_func(sale_df)
#选中数据框中的"总价"列，使用sum()函数计算"总价"列的和，使用int()函数求整
total_sales = int(df_selection["总价"].sum())
#选中数据框中的"评分"列，使用mean()函数计算"评分"列的平均值，使用round()函数
#四舍五入，保留一位小数
average_rating = round(df_selection["评分"].mean(), 1)
#对刚刚的结果再次四舍五入，只保留整数，并使用int()函数，表示就要整数，增加代码的可读性
star_rating_string = ":star:" * int(round(average_rating, 0))
#选中数据框中的"总价"列,使用mean()函数计算"总价"列的平均值,使用round()函数四舍五入,
#保留两位小数
average_sale_by_transaction = round(df_selection["总价"].mean(), 2)

st.subheader("总销售额：")
st.subheader(f"RMB ￥ {total_sales:,}")
```

```
#使用 3 个 "-" 在 markdown 语法下会生成分割的横线
st.markdown('---')

st.subheader("顾客评分的平均值: ")
st.subheader(f"{average_rating}{star_rating_string}")
#同样产生分割的横线
st.divider()

st.subheader("每单的平均销售额:")
#使用 3 个 "-" 在 markdown 语法下会生成分割的横线
st.subheader(f"RMB ￥ {average_sale_by_transaction}")
```

　　读者可结合代码中的注释进行理解，然后使用 streamlit run add_key_text.py 命令执行该文件，初始效果如图 10-6 所示。读者可以随意筛选数据，关键信息会动态地进行更新。

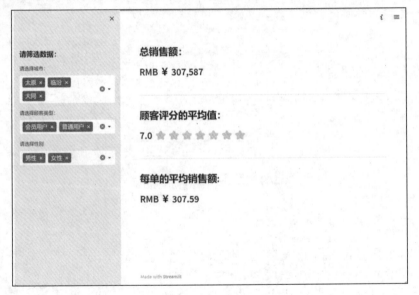

图 10-6　关键指标信息

10.6　组织信息调整布局

　　在准备好筛选按钮、图表和关键指标文本信息后，接下来的关键一步就是将它们更好地组织起来，形成一个简洁明了的销售数据仪表板。通过合理的多列布局，将各信息按重要性合理组合，既可以建立信息传递的逻辑与层次，也可以使仪表板更简洁大方，提高可读性与美观程度。这需要设计者对信息结构与传递有深入思考，以产出对用户最有效的结果。笔者设计的销售数据仪表板的布局如图 10-7 所示。

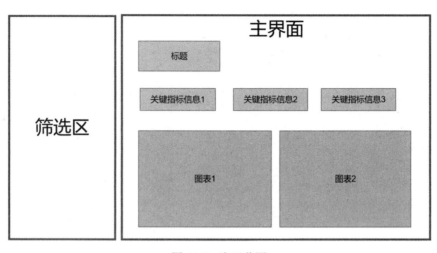

图 10-7　布局草图

当读者跟着本书完成前面的代码后,图 10-7 中所展示的筛选区已经出现在指定的位置,而且可以完成用户筛选数据功能。位于主界面的标题区,可以使用标题展示元素完成,同时为了美观和吸引用户眼球,可以在标题展示元素中写入表情符号;位于标题区下方的关键指标信息区是由 3 个并列的关键信息构成的,首先可以创建 3 个列容器,然后将 10.5 节中创建的关键指标信息分别添加到每列容器中,而位于主界面最下方的图表区是由两个并列的图表构成的,首先可以创建两个列容器,然后将之前创建的可视化图表分别添加到每列容器中。

10.6.1　实现整体布局

新建一个名为 app_layout.py 的 Python 文件,整体的思路是定义 3 个函数以实现整个布局功能。

定义 sidebar_demo()函数,用来构建筛选区,使用 st.sidebar()方法创建侧边的筛选区,使用 st.multiselect()方法创建多选下拉按钮。

定义 main_page_demo()函数,用来构建主界面区。使用 st.title()创建标题展示元素,用来构建标题区。接着使用 st.column()方法创建 3 个水平并排的列容器,分别用来放置不同的关键信息指标,然后使用 with 语法在每列容器中嵌套使用 st.subheader()方法和 st.markdown()方法以模拟关键信息指标,这样就构建了关键信息指标区。最后,再次使用 st.column()方法创建两个水平并排的列容器,接着使用 with 语法、st.subheader()方法和 st.markdown()方法模拟图表信息,从而构建图表信息区。

定义 run_app()函数,用来启动应用,首先在该函数的开始对这个 Streamlit Web 应用的页面进行设置,然后接着调用上面两个函数,生成应用的内容。

整个文件中的代码如下:

```
#第 10 章/app_layout.py
import streamlit as st
```

```python
def sidebar_demo():
    """筛选区函数"""
    #创建侧边栏
    with st.sidebar:
        #添加侧边栏标题
        st.header("模拟筛选区")
        city = st.multiselect(
            "请选择城市: ",
            options=['太原', '临汾'],
            default=['临汾'],
        )


def main_page_demo():
    """主界面函数"""
    #设置标题
    st.title(':bar_chart:销售仪表板')
    #创建关键指标信息区，生成 3 个列容器
    left_key_col, middle_key_col, right_key_col = st.columns(3)

    with left_key_col:
        st.subheader("关键指标信息 1")
        st.markdown("具体信息 1")

    with middle_key_col:
        st.subheader("关键指标信息 2")
        st.markdown("具体信息 2")

    with right_key_col:
        st.subheader("关键指标信息 3")
        st.markdown("具体信息 3")

    st.divider()    #生成一个水平分割线
    #创建图表信息区，生成两个列容器
    left_chart_col, right_chart_col = st.columns(2)
    with left_chart_col:
        st.subheader("图表 1")
        st.markdown("具体信息图表 1")

    with right_chart_col:
        st.subheader("图表 2")
        st.markdown("具体信息图表 2")
```

```
def run_app():
    """启动应用"""
    #设置页面
    st.set_page_config(
        page_title="销售仪表板", #标题
        page_icon=":bar_chart:", #图标
        layout="wide" #宽布局
        )
    #调用筛选区函数
    sidebar_demo()
    #调用主界面函数
    main_page_demo()


#标准的 Python 开始程序
if __name__ == "__main__":
    run_app()
```

使用 streamlit run app_layout.py 命令执行该文件，效果如图 10-8 所示。

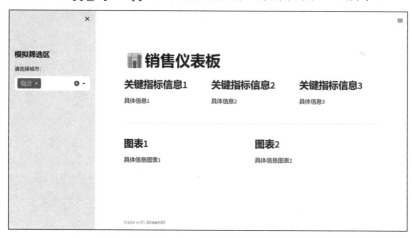

图 10-8　整体布局

10.6.2　替换各区域内容

至此，整个销售仪表板的各区域内容和布局已经准备好了，最后，将各个区域的模拟内容替换为实际的内容即可。

新建一个名为 final_app.py 的 Python 文件，整体的思路是先复制之前各个文件中的部分代码，然后修改部分代码，完成整个销售仪表板的 Web 应用。复制 add_chart_v2.py 文件中的 get_dataframe_from_excel()和 add_sidebar_func()函数，用来从 xlsx 文件中读取数据并构建筛选区；复制 add_chart_v2.py 文件中的 product_line_chart()和 hour_chart()函数，用来创建各

种信息图表；复制 add_key_text.py 文件中的 main_page_demo()函数，用来构建主界面的布局；复制 add_key_text.py 文件中生成关键指标信息的代码，替换 main_page_demo()函数中的关键指标信息区；在 main_page_demo 函数的图表信息区，替换为实际的信息图表。接着进行部分代码的修改。整个文件中的代码如下：

```python
#第10章/final_app.py
import streamlit as st
import pandas as pd
import plotly.express as px

def get_dataframe_from_excel():
    #pd.read_excel()函数用于读取 Excel 文件的数据
    #'supermarket_sales.xlsx'表示 Excel 文件的路径及名称
    #sheet_name='销售数据'表示读取名为"销售数据"的工作表的数据
    #skiprows=1 表示跳过 Excel 中的第1行，因为第1行是标题
    #index_col='订单号'表示将"订单号"这一列作为返回的数据框的索引
    #最后将读取到的数据框赋值给变量 df

    df = pd.read_excel('supermarket_sales.xlsx',
                       sheet_name='销售数据',
                       skiprows=1,
                       index_col='订单号'
                       )
    #df['时间']取出原有的'时间'这一列，其中包含交易的完整时间字符串，如'10:25:30'
    #pd.to_datetime 将'时间'列转换成 datetime 类型
    #format="%H:%M:%S"指定原有时间字符串的格式
    #.dt.hour 表示从转换后的数据框取出小时数作为新列
    #最后赋值给 sale_df['小时']，这样就可以得到一个包含交易小时的新列
    df['小时数'] = pd.to_datetime(df["时间"], format="%H:%M:%S").dt.hour
    return df

def add_sidebar_func(df):
    #创建侧边栏
    with st.sidebar:
        #添加侧边栏标题
        st.header("请筛选数据: ")
        #求数据框"城市"列去重复后的值，赋值给 city_unique
        city_unique = df["城市"].unique()
        city = st.multiselect(
            "请选择城市: ",
            options=city_unique,    #将所有选项设置为 city_unique
            default=city_unique,    #第1次的默认选项为 city_unique
        )
```

```
        #求数据框"顾客类型"列去重复后的值,赋值给 customer_type_unique
        customer_type_unique = df["顾客类型"].unique()
        customer_type = st.multiselect(
            "请选择顾客类型: ",
            options=customer_type_unique, #将所有选项设置为 customer_type_unique
            default=customer_type_unique, #第1次的默认选项为 customer_type_unique
        )
        #求数据框"性别"列去重复后的值,赋值给 gender_unique
        gender_unique = df["性别"].unique()
        gender = st.multiselect(
            "请选择性别",
            options=gender_unique,     #将所有选项设置为 gender_unique
            default=gender_unique,     #第1次的默认选项为 gender_unique
        )
        #query():查询方法,传入过滤条件字符串
        #@city: 通过@可以使用 Streamlit 多选下拉按钮"城市"的值
        #@customer_type:通过@可以使用 Streamlit 多选下拉按钮"顾客类型"的值
        #@gender:通过@可以使用 Streamlit 多选下拉按钮"性别"的值
        #最后赋值给变量 df_selection
        df_selection = df.query(
            "城市 == @city & 顾客类型 ==@customer_type & 性别 == @gender"
        )

        return df_selection

def product_line_chart(df):
    #将 df 按'产品类型'列分组,并计算'总价'列的和,然后按总价排序
    sales_by_product_line = (
        df.groupby(by=["产品类型"])[["总价"]].sum().sort_values(by="总价")
    )
    #使用 px.bar 函数生成条形图
    #- x="总价": 条形图的长度表示总价
    #- y=sales_by_product_line.index: 条形图的标签是产品类型
    #- orientation="h": 生成横向的条形图
    #- title: 设置图表标题,使用 HTML 标签加粗
    fig_product_sales = px.bar(
        sales_by_product_line,
        x="总价",
        y=sales_by_product_line.index,
        orientation="h",
        title="<b>按产品类型划分的销售额</b>",
    )
    #将生成的条形图返回
```

```python
        return fig_product_sales


def hour_chart(df):
    #将 df 按'小时数'列分组，并计算'总价'列的和
    sales_by_hour = (
        df.groupby(by=["小时数"])[["总价"]].sum()
    )
    #使用 px.bar 函数生成条形图
    #- x="总价": 条形图的长度表示总价
    #- y=sales_by_product_line.index: 条形图的标签是产品类型
    #- title: 设置图表标题，使用 HTML 标签加粗
    fig_hour_sales = px.bar(
        sales_by_hour,
        x=sales_by_hour.index,
        y="总价",
        title="<b>按小时数划分的销售额</b>",
    )
    #将生成的条形图返回
    return fig_hour_sales


def main_page_demo(df):
    """主界面函数"""
    #设置标题
    st.title(':bar_chart:销售仪表板')
    #创建关键指标信息区，生成 3 个列容器
    left_key_col, middle_key_col, right_key_col = st.columns(3)

    #选中数据框中的"总价"列，使用 sum()计算"总价"列的和，使用 int()求整
    total_sales = int(df["总价"].sum())
    #选中数据框中的"评分"列，使用 mean()计算"评分"列的平均值，使用 round()四舍五入
    #保留一位小数
    average_rating = round(df["评分"].mean(), 1)
    #对刚刚的结果再次四舍五入，只保留整数，并使用 int()函数，表示就要整数，增加代码的
    #可读性
    star_rating_string = ":star:" * int(round(average_rating, 0))
    #选中的数据框中的"总价"列，使用 mean()计算"总价"列的平均值，使用 round()四舍五入
    #保留两位小数
    average_sale_by_transaction = round(df["总价"].mean(), 2)


    with left_key_col:
        st.subheader("总销售额：")
        st.subheader(f"RMB ￥ {total_sales:,}")
```

```python
with middle_key_col:
    st.subheader("顾客评分的平均值：")
    st.subheader(f"{average_rating} {star_rating_string}")

with right_key_col:
    st.subheader("每单的平均销售额：")
    st.subheader(f"RMB ¥ {average_sale_by_transaction}")

st.divider()    #生成一个水平分割线

#创建图表信息区，生成两个列容器
left_chart_col, right_chart_col = st.columns(2)
with left_chart_col:
    #生成纵向条形图
    hour_fig = hour_chart(df)
    #展示生成的Plotly图形，并设置使用父容器的宽度
    st.plotly_chart(hour_fig, use_container_width=True)


with right_chart_col:
    #生成横向条形图
    product_fig = product_line_chart(df)
    #展示生成的Plotly图形，并设置使用父容器的宽度
    st.plotly_chart(product_fig, use_container_width=True)


def run_app():
    """启动应用"""
    #设置页面
    st.set_page_config(
        page_title="销售仪表板",    #标题
        page_icon=":bar_chart:",    #图标
        layout="wide"   #宽布局
        )
    #将Excel中的销售数据读取到数据框中
    sale_df = get_dataframe_from_excel()
    #添加不同的多选下拉按钮，并形成筛选后的数据框，构建筛选区
    df_selection = add_sidebar_func(sale_df)
    #构建主界面
    main_page_demo(df_selection)
```

```
#标准的 Python 开始程序
if __name__ == "__main__":
    run_app()
```

读者可结合代码中的注释进行理解，整个文件的代码是直接从各个文件中复制过来的，其中进行了必要的修改和重构。

使用 streamlit run final_app.py 命令执行该文件，初始效果如图 10-9 所示。

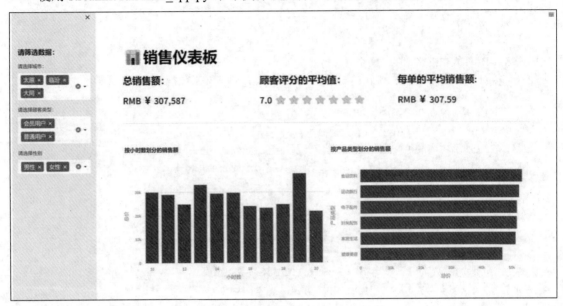

图 10-9　销售数据仪表板 Web 应用

至此，整个销售数据仪表板 Web 应用全部构建完成，读者可以随意筛选数据，挖掘数据中的价值。

图 书 推 荐

书　名	作　者
深度探索 Vue.js——原理剖析与实战应用	张云鹏
剑指大前端全栈工程师	贾志杰、史广、赵东彦
Flink 原理深入与编程实战——Scala+Java（微课视频版）	辛立伟
Spark 原理深入与编程实战（微课视频版）	辛立伟、张帆、张会娟
PySpark 原理深入与编程实战（微课视频版）	辛立伟、辛雨桐
HarmonyOS 移动应用开发（ArkTS 版）	刘安战、余雨萍、陈争艳 等
HarmonyOS 应用开发实战（JavaScript 版）	徐礼文
HarmonyOS 原子化服务卡片原理与实战	李洋
鸿蒙操作系统开发入门经典	徐礼文
鸿蒙应用程序开发	董昱
鸿蒙操作系统应用开发实践	陈美汝、郑森文、武延军、吴敬征
HarmonyOS 移动应用开发	刘安战、余雨萍、李勇军 等
HarmonyOS App 开发从 0 到 1	张诏添、李凯杰
HarmonyOS 从入门到精通 40 例	戈帅
JavaScript 基础语法详解	张旭乾
华为方舟编译器之美——基于开源代码的架构分析与实现	史宁宁
Android Runtime 源码解析	史宁宁
数字 IC 设计入门（微课视频版）	白栎旸
数字电路设计与验证快速入门——Verilog+SystemVerilog	马骁
鲲鹏架构入门与实战	张磊
鲲鹏开发套件应用快速入门	张磊
华为 HCIA 路由与交换技术实战	江礼教
华为 HCIP 路由与交换技术实战	江礼教
openEuler 操作系统管理入门	陈争艳、刘安战、贾玉祥 等
5G 核心网原理与实践	易飞、何宇、刘子琦
恶意代码逆向分析基础详解	刘晓阳
深度探索 Go 语言——对象模型与 runtime 的原理、特性及应用	封幼林
深入理解 Go 语言	刘丹冰
Spring Boot 3.0 开发实战	李西明、陈立为
Flutter 组件精讲与实战	赵龙
Flutter 组件详解与实战	[加]王浩然（Bradley Wang）
Flutter 跨平台移动开发实战	董运成
Dart 语言实战——基于 Flutter 框架的程序开发（第 2 版）	亢少军
Dart 语言实战——基于 Angular 框架的 Web 开发	刘仕文
IntelliJ IDEA 软件开发与应用	乔国辉
Vue+Spring Boot 前后端分离开发实战	贾志杰
Python 量化交易实战——使用 vn.py 构建交易系统	欧阳鹏程
Python 从入门到全栈开发	钱超
Python 全栈开发——基础入门	夏正东
Python 全栈开发——高阶编程	夏正东
Python 全栈开发——数据分析	夏正东
Python 编程与科学计算（微课视频版）	李志远、黄化人、姚明菊 等
Python 游戏编程项目开发实战	李志远
编程改变生活——用 Python 提升你的能力（基础篇·微课视频版）	邢世通
编程改变生活——用 Python 提升你的能力（进阶篇·微课视频版）	邢世通

书　名	作　者
Python 数据分析实战——从 Excel 轻松入门 Pandas	曾贤志
Python 人工智能——原理、实践及应用	杨博雄主编,于营、肖衡、潘玉霞、高华玲、梁志勇副主编
Python 概率统计	李爽
Python 数据分析从 0 到 1	邓立文、俞心宇、牛瑶
从数据科学看懂数字化转型——数据如何改变世界	刘通
FFmpeg 入门详解——音视频原理及应用	梅会东
FFmpeg 入门详解——SDK 二次开发与直播美颜原理及应用	梅会东
FFmpeg 入门详解——流媒体直播原理及应用	梅会东
FFmpeg 入门详解——命令行与音视频特效原理及应用	梅会东
FFmpeg 入门详解——音视频流媒体播放器原理及应用	梅会东
Python Web 数据分析可视化——基于 Django 框架的开发实战	韩伟、赵盼
Python 玩转数学问题——轻松学习 NumPy、SciPy 和 Matplotlib	张骞
Pandas 通关实战	黄福星
深入浅出 Power Query M 语言	黄福星
深入浅出 DAX——Excel Power Pivot 和 Power BI 高效数据分析	黄福星
云原生开发实践	高尚衡
云计算管理配置与实战	杨昌家
虚拟化 KVM 极速入门	陈涛
虚拟化 KVM 进阶实践	陈涛
边缘计算	方娟、陆帅冰
LiteOS 轻量级物联网操作系统实战（微课视频版）	魏杰
物联网——嵌入式开发实战	连志安
动手学推荐系统——基于 PyTorch 的算法实现（微课视频版）	於方仁
人工智能算法——原理、技巧及应用	韩龙、张娜、汝洪芳
跟我一起学机器学习	王成、黄晓辉
深度强化学习理论与实践	龙强、章胜
自然语言处理——原理、方法与应用	王志立、雷鹏斌、吴宇凡
TensorFlow 计算机视觉原理与实战	欧阳鹏程、任浩然
计算机视觉——基于 OpenCV 与 TensorFlow 的深度学习方法	余海林、翟中华
深度学习——理论、方法与 PyTorch 实践	翟中华、孟翔宇
HuggingFace 自然语言处理详解——基于 BERT 中文模型的任务实战	李福林
Java+OpenCV 高效入门	姚利民
AR Foundation 增强现实开发实战（ARKit 版）	汪祥春
AR Foundation 增强现实开发实战（ARCore 版）	汪祥春
ARKit 原生开发入门精粹——RealityKit + Swift + SwiftUI	汪祥春
HoloLens 2 开发入门精要——基于 Unity 和 MRTK	汪祥春
巧学易用单片机——从零基础入门到项目实战	王良升
Altium Designer 20 PCB 设计实战（视频微课版）	白军杰
Cadence 高速 PCB 设计——基于手机高阶板的案例分析与实现	李卫国、张彬、林超文
Octave 程序设计	于红博
Octave GUI 开发实战	于红博
ANSYS 19.0 实例详解	李大勇、周宝
ANSYS Workbench 结构有限元分析详解	汤晖
全栈 UI 自动化测试实战	胡胜强、单镜石、李睿
pytest 框架与自动化测试应用	房荔枝、梁丽丽